期表

固体
液体
気体（常温・常圧における単体の状態）

10	11	12	13	14	15	16	17	18
								2 He ヘリウム 4.003
			5 B ホウ素 10.81	6 C 炭素 12.01	7 N 窒素 14.01	8 O 酸素 16.00	9 F フッ素 19.00	10 Ne ネオン 20.18
			13 Al アルミニウム 26.98	14 Si ケイ素 28.09	15 P リン 30.97	16 S 硫黄 32.07	17 Cl 塩素 35.45	18 Ar アルゴン 39.95
28 Ni ニッケル 58.69	29 Cu 銅 63.55	30 Zn 亜鉛 65.38	31 Ga ガリウム 69.72	32 Ge ゲルマニウム 72.63	33 As ヒ素 74.92	34 Se セレン 78.97	35 Br 臭素 79.90	36 Kr クリプトン 83.80
46 Pd パラジウム 106.4	47 Ag 銀 107.9	48 Cd カドミウム 112.4	49 In インジウム 114.8	50 Sn スズ 118.7	51 Sb アンチモン 121.8	52 Te テルル 127.6	53 I ヨウ素 126.9	54 Xe キセノン 131.3
78 Pt 白金 195.1	79 Au 金 197.0	80 Hg 水銀 200.6	81 Tl タリウム 204.4	82 Pb 鉛 207.2	83 Bi ビスマス 209.0	84 Po ポロニウム —	85 At アスタチン —	86 Rn ラドン —
110 Ds ダームスタチウム —	111 Rg レントゲニウム —	112 Cn コペルニシウム —	113 Nh ニホニウム —	114 Fl フレロビウム —	115 Mc モスコビウム —	116 Lv リバモリウム —	117 Ts テネシン —	118 Og オガネソン —

104番以降の元素については詳しくわかっていない。

64 Gd ガドリニウム 157.3	65 Tb テルビウム 158.9	66 Dy ジスプロシウム 162.5	67 Ho ホルミウム 164.9	68 Er エルビウム 167.3	69 Tm ツリウム 168.9	70 Yb イッテルビウム 173.0	71 Lu ルテチウム 175.0
96 Cm キュリウム —	97 Bk バークリウム —	98 Cf カリホルニウム —	99 Es アインスタイニウム —	100 Fm フェルミウム —	101 Md メンデレビウム —	102 No ノーベリウム —	103 Lr ローレンシウム —

に，日本化学会原子量専門委員会で作成されたものである。ただし，元素の原子量が確定できないものは－で示した。

本書の構成と利用法

本書は,「化学基礎」に対応した書き込み式のノート型問題集です。学習内容を 27 テーマに分け，授業との併用はもちろん，自学自習でも効果的に学習できるように構成しています。

特　徴

❶ 効率的に学習！
「化学基礎」の重要な学習内容を厳選して取り上げ，効率的に学習できるようにしました。

❷ 学習のまとめと問題
「重要事項の整理」⇒「問題演習」の段階的な学習によって，着実に基本事項を定着させることができます。

❸ 反復学習
計算問題は, 典型的なパターンの問題を数多く掲載し, 反復練習によって, 確実に解法を習得できるようにしました。

各テーマの構成と利用法

学習のまとめ 27 テーマ
■空所を補充しながら,「まとめ」を作成できます。
■各事項の右脇に,「ポイント」をそえて，補足的な内容を盛りこみました。

▼

例題・導入問題 30 題
■計算を伴う学習事項には，例題として基本的な問題を掲載しました。
■空所を補充しながら計算方法を学べる「導入問題」を掲載しました。
■類題を設け，解法パターンを確実に習得できるようにしました。

▼

問　題 177 題
■授業で学習した事項の理解と定着に効果のある問題を厳選して取り上げました。
■「学習のまとめ」との関連を番号で示し，学習しやすくしています。
■知識・技能を問う問題には 知識 ，思考力を養う問題には 思考 を付しています。

▼

実力チェック Step1 21 題 ▼ Step2 8 題
■総仕上げとして，各章末に大学入試の問題を取り上げました。
■ Step1 では学習事項が身についたか最終確認できるような問題を掲載しました。
■ Step2 では学習で身についたことを活用して取り組む，やや骨のある問題を掲載しました。

●学習支援サイト プラスウェブ のご案内

スマートフォンやタブレット端末などを使って，セルフチェックに役立つデータをダウンロードできます。

https://dg-w.jp/b/4a70001

[注意] コンテンツの利用に際しては，一般に，通信料が発生します。

目次 CONTENTS

第1章 物質の構成

第2章 物質の変化

学習日：　　月　　日／学習時間：　　分

物質の分離

学習のまとめ

1 混合物と純物質

身のまわりに存在する物質の多くは，2種類以上の物質が混じり合ってできている。このような物質を(ア　　　　　　)という。

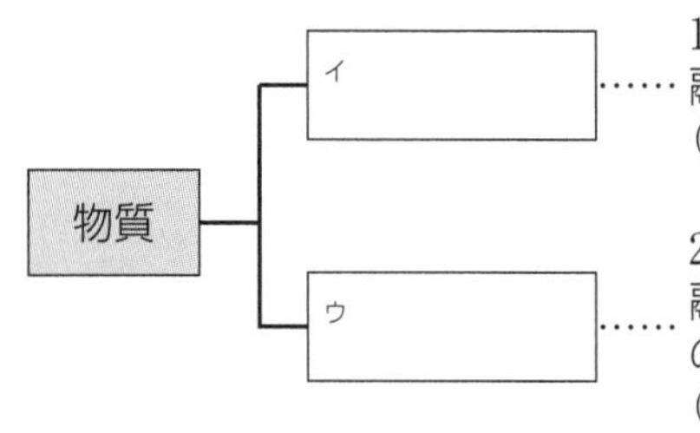

……1種類の物質のみからなる。融点，沸点，密度などが一定。(例)　水，二酸化炭素

……2種類以上の物質からなる。融点，沸点，密度などが混合の割合で変化する。(例)　海水，牛乳

2 混合物の分離・精製

混合物は，それを構成する純物質の性質を利用して，いくつかの物質に分けることができる。混合物から物質を分ける操作を(エ　　　　　　)といい，物質をさらに純粋なものにする操作を(オ　　　　　　)という。

ポイント！

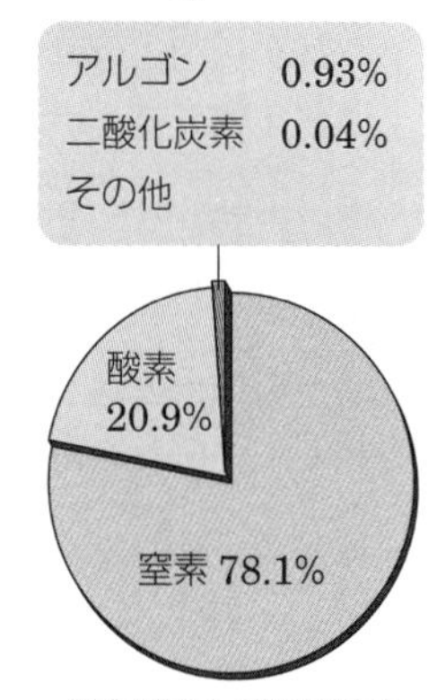

乾燥空気の体積組成

方法	ろ過	(カ　　　　)	分留	再結晶
原理操作	ろ紙を用いて，液体と固体を分離。	溶液を沸騰させ，その蒸気を冷却して液体を分離(下図)。	沸点の違いを利用して，液体どうしを分離。	温度変化に伴う物質の(キ　　　　)の変化を利用して固体を精製。
操作の例	ガラス棒　ろ紙　ろうと台　ろうと　ろ液	温度計　枝付きフラスコ　海水　三脚　沸騰石　冷却水　リービッヒ冷却器　冷却水　蒸留水		不純物を含む硝酸カリウム　溶かす　熱水　冷却　結晶　ろ過　純粋な硝酸カリウム

方法	(ク　　　　)法	(ケ　　　　)	(コ　　　　)
原理操作	昇華しやすい物質を加熱して気体に変え，これを冷却して固体を分離。	溶媒への溶けやすさの違いを利用して，目的の物質だけを溶かし出して分離。	ろ紙などに対する，物質の吸着力の違いを利用して物質を分離❶。
操作の例	冷水　固体　気体　固体　冷却(気→固)　加熱(固→気)	ヘキサン　ヨウ素液　分液ろうと　よく振る　ヨウ素がヘキサン層に移動	色素が分離　ろ紙　水

❶ろ紙を用いて分離する操作を特に，**ペーパークロマトグラフィー**という。

知識

1. 混合物と純物質　次の物質を純物質と混合物に分類し，記号で答えよ。

まとめ 1

(ア)　塩化ナトリウム　(イ)　ドライアイス　(ウ)　食塩水
(エ)　酸素　(オ)　空気　(カ)　石油

純物質

混合物

知識

2. ろ過　次の各問いに答えよ。

まとめ 2

(1)　次の混合物のうち，水を加えてろ過すると，分離できるものはどれか。2つ選び，記号で答えよ。

(ア)　砂糖と塩化ナトリウム　(イ)　砂と砂糖
(ウ)　鉄粉と塩化ナトリウム　(エ)　鉄粉と砂

(2)　ろ過の操作として最も適当なものを，(ア)～(エ)のうちから選べ。

(1)　　と

(2)

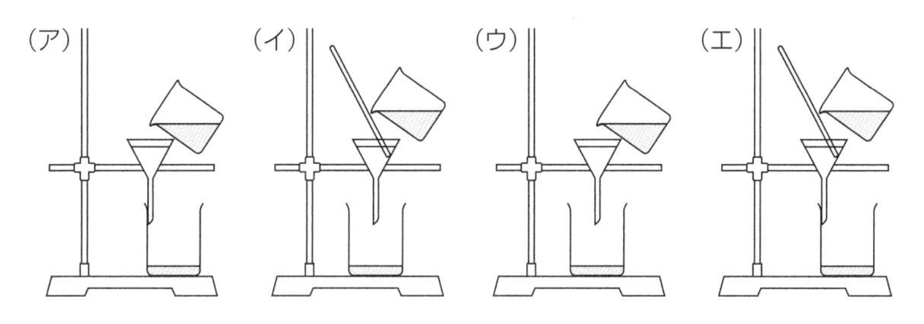

まとめ 2

知識

3. 蒸留　図は海水から水を取り出すための装置を組み立てたものである。

(1)　図中の器具(ア)，(イ)の名称をそれぞれ答えよ。

(2)　(イ)に冷却水を流すとき，冷却水を流す向きは，A→B，B→A のどちらが適当か。

(3)　(ア)に沸騰石を入れるのはなぜか。解答欄の(　　　)に適当な語句を入れよ。

(4)　この操作で(ア)に温度計を取り付けるとき，温度計の位置として正しいものを，図の①～③から選び，○をつけよ。

A
(イ)
(ア)
沸騰石
B
蒸留水

(1)(ア)

(イ)

(2)　　⟶

(3)　急激な(　　　　)を防ぐため。

(4)

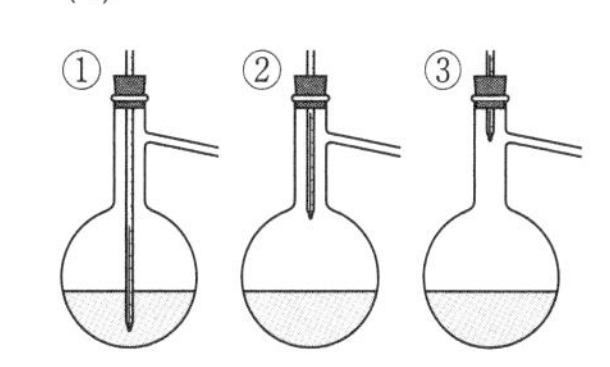

思考

4. 混合物の分離　次の(1)～(5)の混合物を分離するために，最も適した分離法はどれか。(ア)～(オ)から選び，記号で答えよ。

まとめ 2

混合物	取り出す物質	物質の性質
(1)　昆布	うまみ成分	うまみ成分は水に溶けやすい
(2)　砂の混ざったヨウ素	ヨウ素	ヨウ素は昇華しやすい
(3)　ガラス片が混ざった水	ガラス	ガラスは水に溶けない
(4)　石油(原油)	灯油，軽油など	各成分の沸点は異なる
(5)　少量の塩化ナトリウムを含む硝酸カリウム	硝酸カリウム	硝酸カリウムは温度による溶解度の差が大きい

(ア) 再結晶　(イ) 昇華法　(ウ) 抽出　(エ) 分留　(オ) ろ過

(1)

(2)

(3)

(4)

(5)

学習日：　　月　　日／学習時間：　　分

2 物質を構成する元素

学習のまとめ

1 元素

物質を構成している基本的な成分を(ア　　　　　)という。現在知られている元素は，118 種類である。それぞれの元素を書き表す記号として，(イ　　　　　　)が用いられる。

(例)　水素 H，炭素 C，ヘリウム He，カルシウム Ca

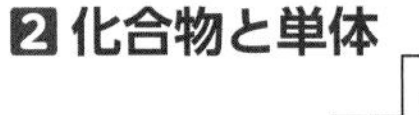

2 化合物と単体

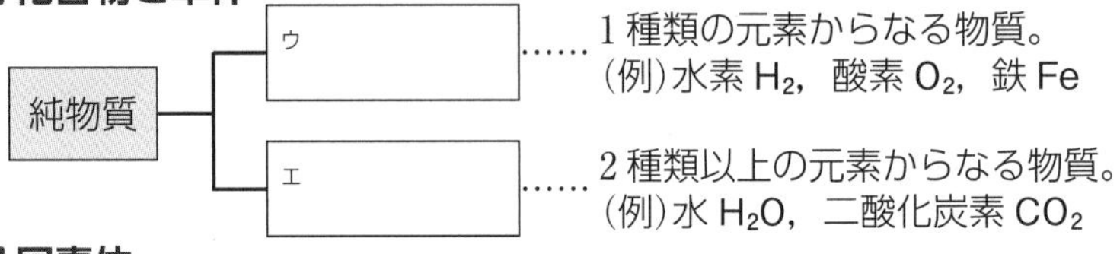

3 同素体

同じ元素でできている単体でも，性質の異なるものがあり，これらを互いに(オ　　　　)という。

元素	同素体の例	性質
炭素 C	ダイヤモンド	無色透明で，きわめてかたい。
	カ	黒色で，やわらかい。電気を通す。
	フラーレン	黒色で，電気を導かない。
リン P	黄リン	猛毒で，自然発火する。
	キ	無毒で，自然発火しない。
硫黄 S	ク	黄色で，常温で安定。
	単斜硫黄	黄色で，針状の結晶。
	ゴム状硫黄	伸縮性を示す。
酸素 O	酸素	無色，無臭の気体。
	ケ	淡青色，特異臭の気体。

4 元素の確認

炎色反応…特定の金属元素を含む化合物を，炎の中で加熱したとき，その成分元素に特有の色がみられる現象。

反応による確認…物質に含まれる各成分元素は，沈殿の生成や色の変化を伴う反応によって確かめることができる。

元素	操作	生じる物質	確認法
炭素 C	加熱・燃焼	二酸化炭素	生じた気体を(コ　　　　)に通じると，白濁する。
水素 H	加熱・燃焼	水	生じた液体を硫酸銅(Ⅱ)無水塩に加えると，白色から(サ　　　)色へ変色。
塩素 Cl	硝酸銀水溶液を加える	塩化銀	溶液中に(シ　　　)色沈殿が生じる。

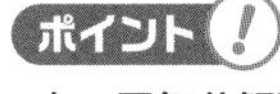

ポイント!

水の電気分解装置

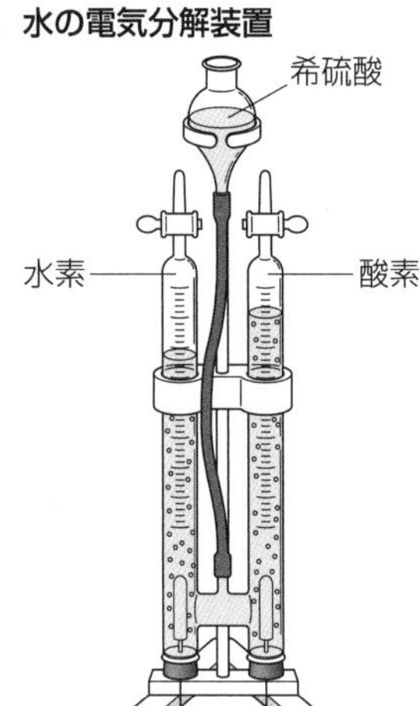

水に電流を通じると，水素と酸素が発生する。

ポイント!

炎色反応の色

リチウム Li	赤
ナトリウム Na	黄
カリウム K	赤紫
カルシウム Ca	橙赤
ストロンチウム Sr	赤(紅)
バリウム Ba	黄緑
銅 Cu	青緑

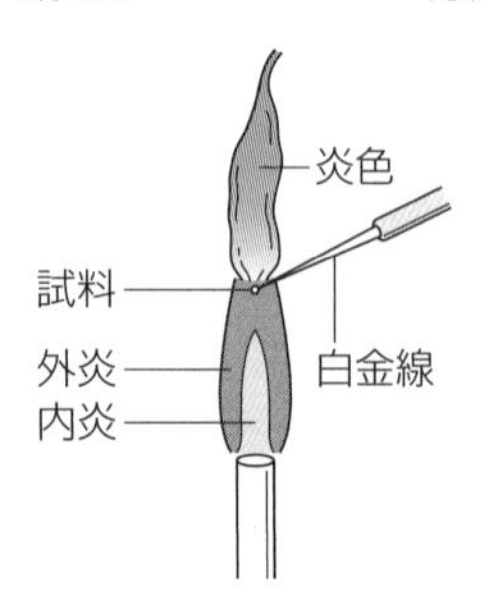

知識

5. 元素記号　次の元素の元素記号を記せ。

まとめ-1

元素名	元素記号	元素名	元素記号	元素名	元素記号	元素名	元素記号
水素	ア	炭素	イ	窒素	ウ	酸素	エ
リン	オ	硫黄	カ	塩素	キ	鉄	ク

知識

6. 元素の名称　次の元素記号によって示される元素名を記せ。

まとめ-1

元素名	元素記号	元素名	元素記号	元素名	元素記号	元素名	元素記号
ア	He	イ	Li	ウ	F	エ	Ne
オ	Mg	カ	Al	キ	K	ク	Cu

知識

7. 単体と化合物　次の文中の(　　　)に，適当な語句を入れよ。

まとめ-2 3

純物質は，水素や酸素のように，1種類の元素のみからなる(　ア　)と，水や二酸化炭素のように，2種類以上の元素からなる(　イ　)に分類することができる。また，同じ元素から構成されている(　ア　)で，性質の異なるものを，互いに(　ウ　)という。

(ア)

(イ)

(ウ)

思考

8. 物質の分類　次の純物質を単体と化合物に分類し，記号で答えよ。

まとめ-2

(ア)　硫黄　　(イ)　塩化ナトリウム　　(ウ)　黒鉛　　(エ)　窒素
(オ)　銅　　(カ)　二酸化炭素　　(キ)　水　　(ク)　硫酸

単体

化合物

知識

9. 同素体　互いに同素体の関係にあるものを2つ選び，記号で答えよ。

まとめ-3

(ア)　水と氷　　(イ)　黒鉛とダイヤモンド　　(ウ)　酸素とオゾン
(エ)　二酸化炭素と一酸化炭素　　(オ)　二酸化炭素とドライアイス

と

知識

10. 炎色反応　次の元素が示す炎色反応の色を(ア)～(オ)のうちからそれぞれ選び，記号で答えよ。

まとめ-4

(1)　Ca　　(2)　Cu　　(3)　K　　(4)　Li　　(5)　Na
(ア)　赤色　　(イ)　赤紫色　　(ウ)　橙赤色　　(エ)　黄色　　(オ)　青緑色

(1)　　(2)

(3)　　(4)

(5)

思考

11. 成分元素の確認　物質Xに含まれる元素を調べるために，次の実験を行った。物質Xに含まれる元素を選び，元素記号で答えよ。

まとめ-4

実験：物質Xを加熱すると，無色の気体と液体を生じ，白色の固体が残った。気体を石灰水に通じると白濁し，液体を硫酸銅(Ⅱ)無水塩につけると青くなった。また，白色の固体を水に溶かし，炎色反応を調べると黄色を呈した。

(元素)　H　C　Na　S　Cl　K　Ca　Ba

3 物質の三態

学習日：　　月　　日／学習時間：　　分

学習のまとめ

1 物質の三態

物質の三態…物質には，一般に，固体・(ア　　　　)・気体の3つの状態があり，これらを物質の(イ　　　　)という。

状態変化…温度を変化させると，物質の三態は互いに変化する。この変化を(ウ　　　　)という。一方，ある物質が別の物質に変わる変化を(エ　　　　)または化学反応という。

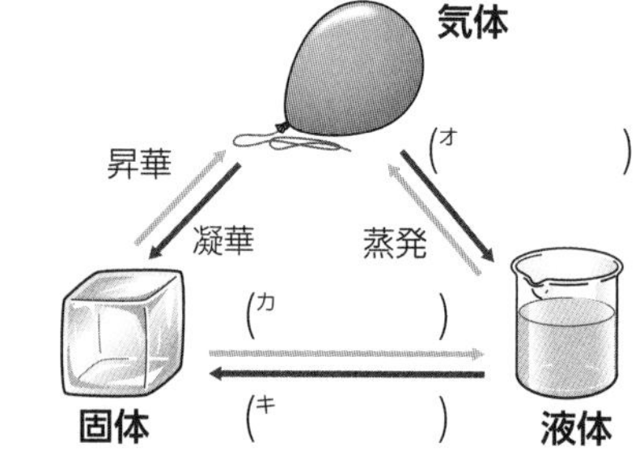

2 粒子の熱運動

(ク　　　　)…匂いのもととなる気体や，水に落とした液体のインクなどの物質が自然に広がっていく現象。これは，物質を構成する粒子が，絶えず不規則な運動をしていることによって起こる。このような運動を(ケ　　　　)という。これは温度が高いほど激しくなる。

状態変化のように，構成粒子そのものは変化せず，集合状態だけが変わる変化を**物理変化**という。

3 物質の状態と熱運動の関係

粒子間には引力が働いており，互いに集合する傾向がある。高温になると，熱運動が(コ　　　　)なるため，粒子どうしがばらばらになり，物質は固体から液体，気体へと状態を変化させる。

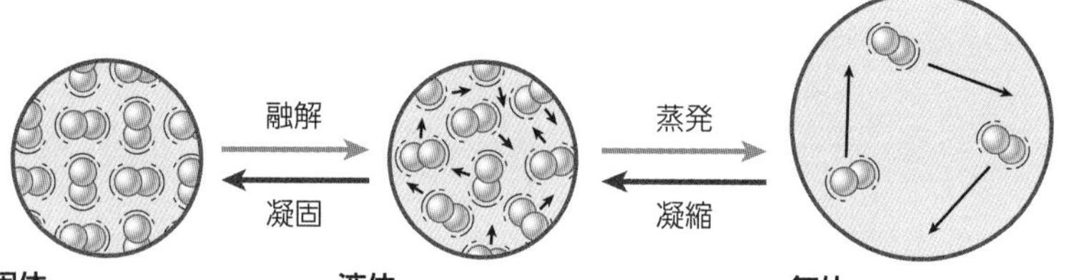

固体
熱運動は穏やかであり，粒子間の引力によって，位置が固定されている。

液体
熱運動はやや激しくなるが，粒子は互いに引き合いながら運動し，一定の体積を保つ。

気体
熱運動が激しく，粒子間の引力の影響が小さいため，粒子は自由に飛びかう。

小 ―― 熱運動の激しさ ―→ 大

水の状態変化

氷を加熱していくと，水分子の熱運動が激しくなり，(サ　　　　)℃(融点)になると水分子の配列がくずれて融解がはじまる。さらに加熱を続けると，水の温度が上昇し，水分子の熱運動がさらに激しくなる。温度が(シ　　　　)℃(沸点)になると沸騰がはじまる。

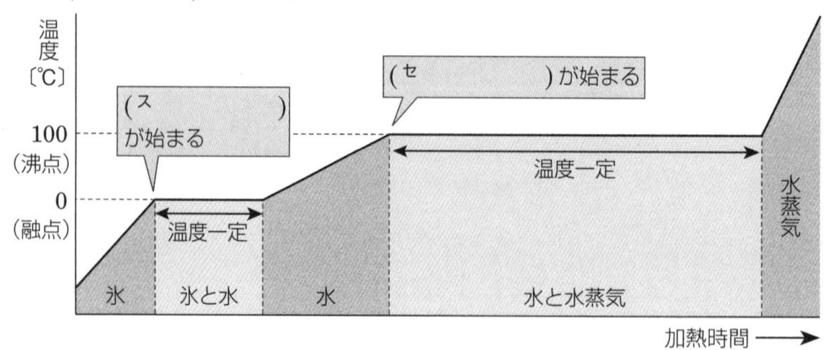

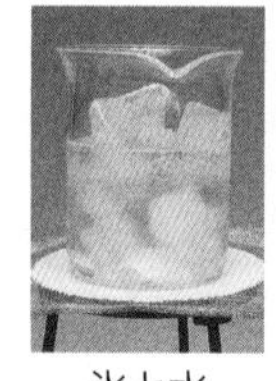
氷と水

水と水蒸気

思考

12. 状態変化　次の(1)～(5)の記述に最も関連のある状態変化は何か。それぞれ名称を記せ。

まとめ-1

(1)　雪がとけて水になった。
(2)　寒い屋外から暖かい部屋に入ると，眼鏡がくもった。
(3)　ドライアイスを室内に放置すると小さくなった。
(4)　水でぬれていたコップが乾いた。
(5)　冷凍庫の製氷皿に水でぬれた指で触れると，指が氷にくっついた。

(1)
(2)
(3)
(4)
(5)

思考

13. 物理変化と化学変化　次の記述(ア)～(エ)を物理変化と化学変化に分類し，記号で答えよ。

まとめ-1

(ア)　水が凝固して氷になった。
(イ)　水に電流を通じると水素と酸素に分解した。
(ウ)　炭に空気中で火をつけると二酸化炭素が生じた。
(エ)　コップの中の水が蒸発した。

物理変化
化学変化

知識

14. 熱運動と拡散　次の文中の(　　　)に，あてはまる語を記せ。

まとめ-2

物質を構成する粒子は絶えず動いている。これを(　ア　)という。匂いが広がるように，粒子が気体や液体の場合，(ア)によって粒子が自然に広がる現象が起こる。これを(　イ　)という。

(ア)
(イ)

知識

15. 熱運動　次の文中の(　　　)に，固体，液体，気体のいずれかの語句を記せ。

まとめ-3

物質には，一般に，3つの状態がある。このうち，(　ア　)では構成粒子の位置はほぼ固定されており，その位置でわずかに振動している。また，(　イ　)では，構成粒子が互いに引き合いながら運動し，少しずつ移動している。(　ウ　)では，引力の影響が小さくなり，構成粒子が自由に飛びかっている。

(ア)
(イ)
(ウ)

知識

16. 水の状態変化　グラフは氷を加熱したときの時間と温度の関係を表している。次の各問いに答えよ。

まとめ-3

(1)　A～Eでは，それぞれどのような状態か。(ア)～(オ)から選べ。
(ア)　気体　(イ)　液体
(ウ)　固体　(エ)　固体と液体
(オ)　液体と気体
(2)　T_1，T_2 の温度を何というか。
(3)　Bで起きている状態変化の名称を記せ。

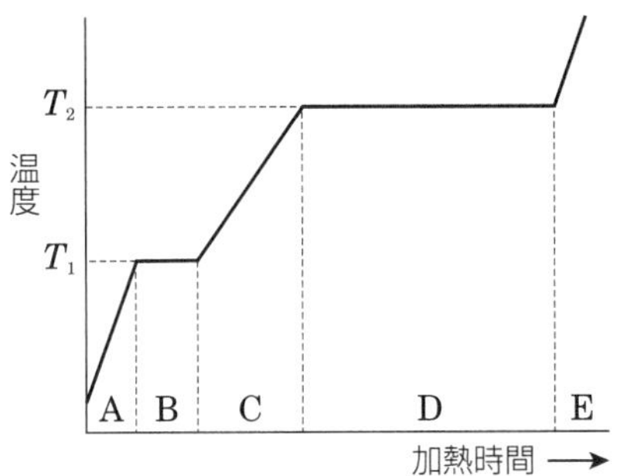

(1) A　　B
C　　D
E
(2) T_1
T_2
(3)

4 原子のなりたち

学習日：　　月　　日／学習時間：　　分

学習のまとめ

1 原子の存在

物質を細かく分けていくと，(ア　　　　)とよばれる小さい球状の粒子にたどりつく。これは，物質を構成する基本的な粒子であり，それぞれ元素に対応している。

原子の大きさ

2 原子の構成

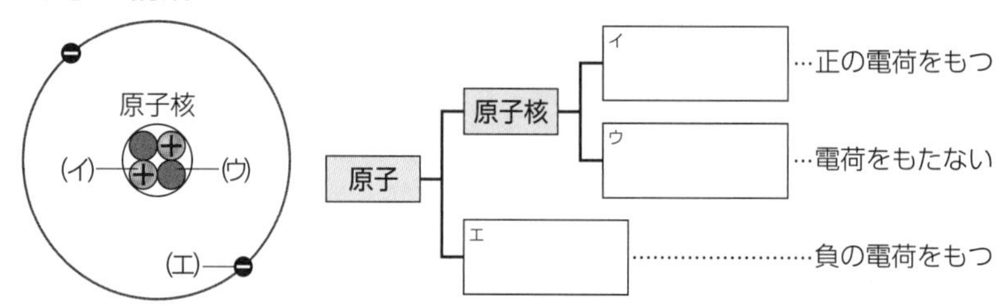

ポイント!
正負どちらの電荷も帯びていない状態を，電気的に中性であるという。

原子では，陽子の数と(オ　　　　)の数が等しく，正負の電荷の大きさがつり合っているため，原子全体として，電気的に中性である。また，質量の比は，陽子：中性子：電子 =1：(カ　　　　)：$\frac{1}{1840}$ である。このため原子の質量は，陽子の質量と(キ　　　　)の質量の和にほぼ等しい。

ポイント!
原子の質量を考える場合，電子の質量はきわめて小さいので考えなくてよい。

原子のもつ陽子の数は，元素の種類によって決まっており，この数を(ク　　　　)という。

原子の構成の表し方

陽子の数＋(ケ　　　　)の数＝**質量数** ＞12
(コ　　　　)の数(＝電子の数)＝**原子番号** ＞6

$^{12}_{6}\mathrm{C}$

3 同位体

原子番号(＝ 陽子の数)が同じで，(サ　　　　)が異なる原子を，互いに(シ　　　　)であるという。互いに質量などの物理的な性質は異なるが，化学的な性質はほぼ同じである。

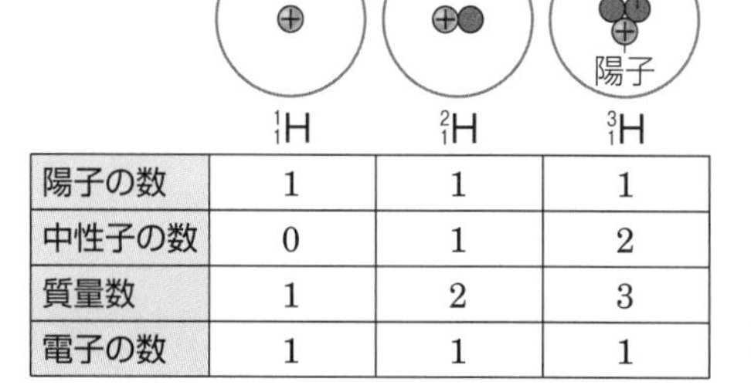

	$^{1}_{1}\mathrm{H}$	$^{2}_{1}\mathrm{H}$	$^{3}_{1}\mathrm{H}$
陽子の数	1	1	1
中性子の数	0	1	2
質量数	1	2	3
電子の数	1	1	1

4 放射性同位体

同位体には，放射線を放出するものがあり，これを(ス　　　　)同位体という。天然には，^{3}H，^{14}C，^{40}K，^{238}U などがある。一般に，放射性同位体は，原子核が不安定で，放射線を放出して他の元素の原子核に変化する。この変化を(セ　　　　)という。

ポイント!
放射線には，α(アルファ)線やβ(ベータ)線，γ(ガンマ)線がある。

放射性同位体の利用…がん治療，画像診断，品種改良など

(ソ　　　　)…放射性同位体の数が，もとの数の半分に減少するまでの時間。遺跡の年代測定などに用いられる。

(例) ^{14}C の半減期：5730 年…^{14}C の数が $\frac{1}{2}$ になるまでに 5730 年，$\frac{1}{4}$ になるまでに 5730 年 ×2=11460 年かかる。

📖知識

17. 原子の構造　次の文中の(　　)に適当な語句を入れよ。

まとめ-1 2

原子は，直径 0.0000000001m 程度のきわめて小さい粒子である。原子の構造を調べると，中心に(　ア　)があり，そのまわりを負の電荷をもつ(　イ　)が取りまいている。また(　ア　)は，正の電荷をもつ(　ウ　)と，電荷をもたない(　エ　)からできている。(　イ　)1 個のもつ電荷の大きさと，(　ウ　)1 個のもつ電荷の大きさは等しいが，符号は反対である。

(ア)

(イ)

(ウ)

(エ)

📖知識

18. 原子の構造　次の(ア)～(オ)から，正しいものを 1 つ選び，記号で答えよ。

まとめ-2

(ア)　原子内の陽子の数と電子の数の和を質量数という。
(イ)　原子の原子番号と陽子の数，および電子の数は等しい。
(ウ)　原子核は，中性子を必ず含んでいる。
(エ)　原子核中の中性子の数が等しければ，同じ元素である。
(オ)　陽子，中性子，および電子の質量はほぼ等しい。

📖知識

19. 原子の構成表示　次の表を完成させよ。

まとめ-2

	$^{12}_{6}C$	$^{13}_{6}C$	$^{27}_{13}Al$	$^{35}_{17}Cl$	$^{40}_{18}Ar$
陽子の数	ア	イ	ウ	エ	オ
中性子の数	カ	キ	ク	ケ	コ
電子の数	サ	シ	ス	セ	ソ

思考

20. 同位体　水素の同位体について，次の各問いに答えよ。

まとめ-3

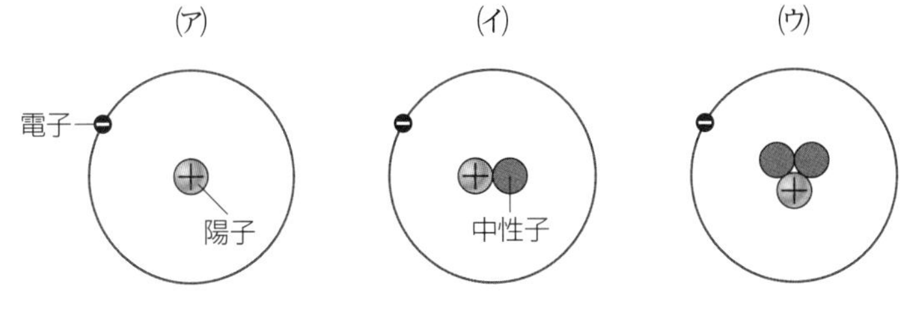

(1)　(ウ)の名称を記せ。
(2)　(ア)～(ウ)のうち，天然に最も多く存在する原子を選び，記号で答えよ。
(3)　(イ)の水素原子の質量は，(ア)の水素原子の質量の約何倍か。
(4)　(ウ)の原子の構成を，例にならって示せ。　(例)　$^{40}_{18}Ar$

(1)

(2)

(3)

(4)

📖知識

21. 同位体　次の(ア)～(オ)から，誤っているものを 1 つ選び，記号で答えよ。

まとめ-3 4

(ア)　同位体どうしは，原子番号が同じである。
(イ)　同位体どうしでは，原子核のまわりにある電子の数が異なる。
(ウ)　同位体どうしでは，原子核中の中性子の数が異なる。
(エ)　放射性同位体の数が，もとの数の半分に減少するまでの時間を半減期という。
(オ)　放射性同位体は，遺跡の年代測定やがん治療に利用される。

学習日：　　月　　日／学習時間：　　分

5 原子の電子配置

学習のまとめ

1 電子配置

電子殻(でんしかく)…原子内の電子は，原子核を取りまくいくつかの層に分かれて存在している。この層を(ア　　　　)という。電子殻は，原子核に近いものから順に，K殻，(イ　　)殻，(ウ　　)殻，N殻，……という。

(エ　　　　)…各原子における，各電子殻に対する電子の配置のされ方。

閉殻…電子の最大数が収容されている電子殻。

(オ　　　　)**電子**…最も外側の電子殻に存在する電子。

電子殻	配置される電子の最大数
K殻	2個
L殻	(カ　　　)個
M殻	(キ　　　)個
N殻	(ク　　　)個

ポイント!
内側から n 番目の電子殻に収容される電子の最大数は $2n^2$ 個である。

(例)　$_{17}$Clの電子配置

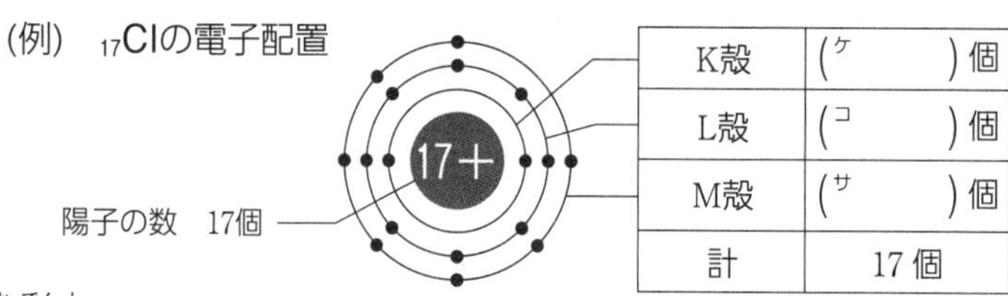

K殻	(ケ　　)個
L殻	(コ　　)個
M殻	(サ　　)個
計	17個

2 価電子(かでんし)

(シ　　　　)…原子が他の原子と結合するときに，特に重要な役割を果たす電子。一般には，最も外側の電子殻に存在する電子。価電子の数が同じ原子どうしは，互いに似た性質を示す。

貴ガス(希ガス)…最外殻電子の数が(ス　　)個のヘリウムや，(セ　　)個のネオンなどの原子は，一般に安定であり，他の原子と結合しにくく，価電子の数は(ソ　　)とみなされる。

周期＼族	1	2	13	14	15	16	17	18
1	H (1+)							He (2+)
2	Li (3+)	Be (4+)	B (5+)	C (6+)	N (7+)	O (8+)	F (9+)	Ne (10+)
3	Na (11+)	Mg (12+)	Al (13+)	Si (14+)	P (15+)	S (16+)	Cl (17+)	Ar (18+)
4	K (19+)	Ca (20+)						
最外殻電子の数	1	2	3	4	5	6	7	2または8
価電子の数	1	2	3	4	5	6	7	0

📖知識

22. 電子配置　次の(1)～(4)の原子の電子配置を例にならって示せ。　→まとめ 1

(例)　リチウム $_3$Li　　(例)K 殻　2 個　L 殻　1 個　M 殻　0 個

(1)　窒素 $_7$N　　(1)　K 殻　　個　L 殻　　個　M 殻　　個

(2)　ナトリウム $_{11}$Na　　(2)　K 殻　　個　L 殻　　個　M 殻　　個

(3)　アルミニウム $_{13}$Al　　(3)　K 殻　　個　L 殻　　個　M 殻　　個

(4)　アルゴン $_{18}$Ar　　(4)　K 殻　　個　L 殻　　個　M 殻　　個

📖知識

23. 電子配置　次の各原子の電子配置を例にならって示せ。　→まとめ 1

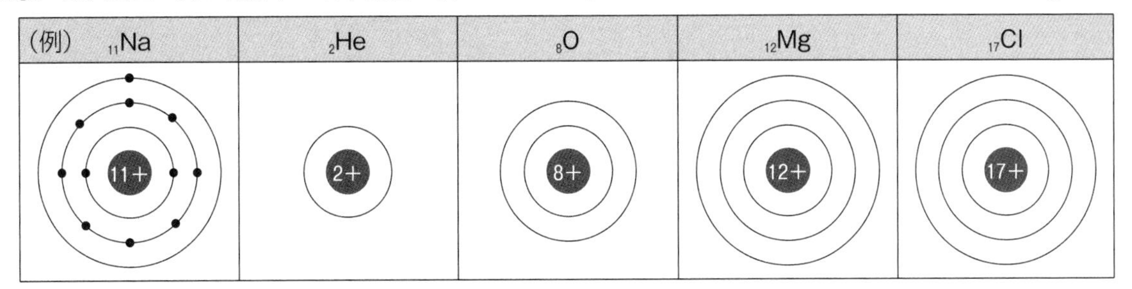

📖知識

24. 電子配置と価電子　次の(ア)～(エ)の電子配置をもつ原子について，次の各問いに答えよ。　→まとめ 1 2

(ア)

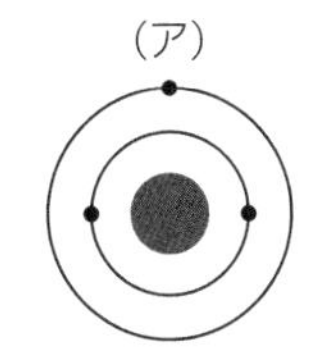

(イ)

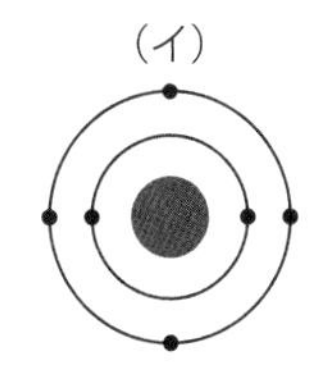

(ウ)

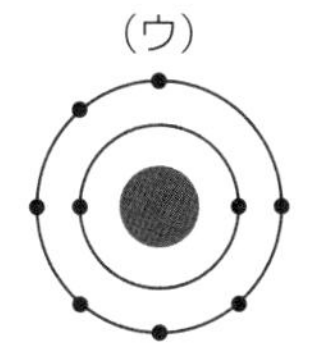

(エ)

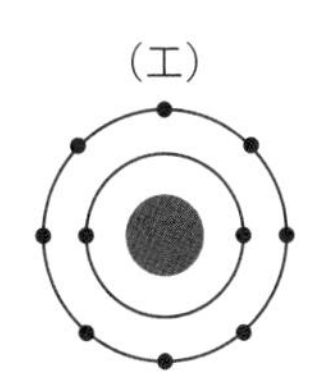

(1)　(ア)～(エ)の各原子の名称を記せ。

(2)　(ウ)の最外殻は何殻か。また，その電子殻には，あと何個の電子が入ることができるか。

(3)　(ア)～(エ)の原子の価電子の数は，それぞれいくらか。

(1)(ア)＿＿＿＿　(イ)＿＿＿＿　(ウ)＿＿＿＿　(エ)＿＿＿＿

(2)　　殻，あと　　個

(3)(ア)　　(イ)　　(ウ)　　(エ)

📖知識

25. 電子配置と価電子　次の原子について，下の各問いに記号で答えよ。　→まとめ 1 2

(ア)　$_2$He　　(イ)　$_4$Be　　(ウ)　$_{16}$S　　(エ)　$_{17}$Cl　　(オ)　$_{18}$Ar

(1)　最外殻が L 殻になるものを選べ。

(2)　最外殻電子の数が 8 個のものを選べ。

(3)　価電子の数が互いに等しいのはどれとどれか。

(1)＿＿＿＿

(2)＿＿＿＿

(3)　　と

思考

26. 電子配置と価電子　次の(1)～(4)は，原子番号 1～20 のいずれかの原子の自己紹介である。(1)～(4)にあてはまる原子をそれぞれ元素記号で記せ。　→まとめ 1 2

(1)　私は電子を 13 個もつ原子です。

(2)　私は L 殻に 6 個の価電子をもっています。

(3)　私は最外殻が L 殻で，安定な電子配置をしています。

(4)　私はリチウムと価電子の数が等しいですが，最外殻は M 殻です。

(1)＿＿＿＿

(2)＿＿＿＿

(3)＿＿＿＿

(4)＿＿＿＿

6 元素の周期律と周期表

1 元素の周期律（しゅうきりつ）

元素の周期律…元素を(ア　　　　　　)の順に並べたとき，性質の似た元素が周期的に現れること。たとえば，価電子の数は原子番号の増加とともに周期的に変化する。
ロシアの(イ　　　　　　)らによって発見された。

価電子の数〔個〕（縦軸：0〜7）
原子番号（横軸：5, 10, 15, 20）
He　F　Ne　Cl　Ar

2 元素の周期表

元素の周期表…元素を原子番号の順に並べて，性質の似た元素が縦の列に並ぶようにした表。

(ウ　　　　)…周期表の縦の列。
(エ　　　　)…周期表の横の行。
(オ　　　　)**元素**…同じ族に属する元素。一般に，価電子の数が同じであり，互いに似た性質を示す。

- (カ　　　　　　　)…H を除く，1 族の元素群。
- **アルカリ土類金属**　…2 族の元素群。
- (キ　　　　　　　)…F，Cl，Br，I などの 17 族の元素群。
- **貴ガス**…He，Ne，Ar などの 18 族の元素群。

典型元素（てんけい）と遷移元素（せんい）

・**典型元素**…1，2 および 13〜18 族の元素。(ク　　　　)元素は性質が似ている。金属元素と非金属元素の両方がある。

・**遷移元素**…第 4 周期以降の 3〜12 族の元素。典型元素と異なり，同じ周期の隣り合う元素とも性質が似ている。遷移元素は，すべて(ケ　　　　)元素である。

ポイント！
最初の周期表は，ロシアのメンデレーエフによって提案され，元素が原子の質量の順に並べられたものであった。そのため，現在の周期表と順番が異なる部分があった。

ポイント！
同じ周期に属する元素の原子では，同じ電子殻が最外殻になっている。
第 1 周期…K 殻
第 2 周期…L 殻
第 3 周期…M 殻

周期＼族	1	2	3	4	5	6	7	8	9	10	11	12	13	14	15	16	17	18
1	H																	
2													B					
3													(コ　)	(サ　)				
4																		
5																		
6																		
7																		

□ 金属元素
■ 非金属元素
1〜2 族：典型元素
3〜12 族：(シ　　　　)元素
13〜18 族：典型元素
(コ)，(サ)は元素記号を示せ。
104番以降の元素は省略している。

覚えておきたい元素記号　次の元素の元素記号または元素名を答えよ。

(1) 鉄	(　　　　)	(6) 金	(　　　　)	(11) Cr	(　　　　)
(2) 銅	(　　　　)	(7) マンガン	(　　　　)	(12) Hg	(　　　　)
(3) 亜鉛	(　　　　)	(8) Ba	(　　　　)	(13) Pb	(　　　　)
(4) 銀	(　　　　)	(9) Pt	(　　　　)	(14) I	(　　　　)
(5) 臭素	(　　　　)	(10) Ni	(　　　　)	(15) Sn	(　　　　)

知識

27. 元素の周期表　水素の例にならって，下の周期表の空欄に元素記号と元素名を記せ。

周期＼族	1	2	13	14	15	16	17	18
1	H 水素							
2								
3								
4								

知識

28. 元素の周期表　次の文のうち，正しいものを２つ選び，記号で答えよ。　まとめ 1 2

(ア)　同じ族に属する元素を同位体といい，互いに性質が似ている。

(イ)　周期表では，元素が原子番号の順に並べられている。

(ウ)　同一周期内で左から右に進むと，原子中の電子の数が減少する。

(エ)　原子番号が 17 の元素は，第 3 周期の 17 族に属している。

＿＿＿＿と＿＿＿＿

知識

29. 周期表と元素の分類　図は，元素の周期表の第 1～第 6 周期における元素の分類を示したものである。次の(1)～(5)は，図のア～キのどの部分に該当するか。あてはまるものをすべて選び，それぞれ記号で答えよ。　まとめ 2

(1)　アルカリ金属

(2)　ハロゲン

(3)　貴ガス

(4)　金属元素

(5)　遷移元素

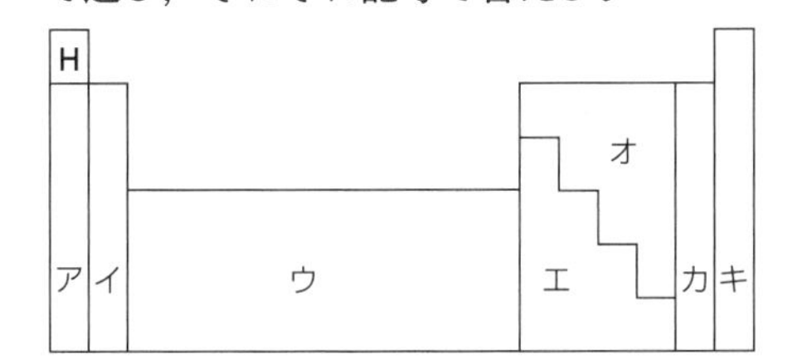

(1)＿＿＿＿

(2)＿＿＿＿

(3)＿＿＿＿

(4)＿＿＿＿

(5)＿＿＿＿

知識

30. 元素の分類　次の各元素を，右の表に分類せよ。ただし，あてはまる元素がない場合は × を記せ。　まとめ 2

C　Ne　Al　S　Cl　Ca　Fe　Cu　Ag

	金属元素	非金属元素
典型元素		
遷移元素		

思考

31. 元素の周期表　周期表の第 1～3 周期に属する元素について，次の(1)～(3)について答えよ。　まとめ 2

(1)　この周期には金属元素が 3 つある。第何周期か答えよ。　(1)＿＿＿＿

(2)　この族には非金属元素が 3 つある。何族か答えよ。　(2)＿＿＿＿

(3)　最外殻電子の数が 7 個である元素をすべて元素記号で答えよ。　(3)＿＿＿＿

周期＼族	1	2	13	14	15	16	17	18
1	H							He
2	Li	Be	B	C	N	O	F	Ne
3	Na	Mg	Al	Si	P	S	Cl	Ar

7 イオン

学習のまとめ

1 イオンの存在

イオン…電荷をもつ粒子。正の電荷をもつ(ア　　　　　)イオンと負の電荷をもつ(イ　　　　　)イオンがある。

電離…物質が，陽イオンと陰イオンに分かれること。

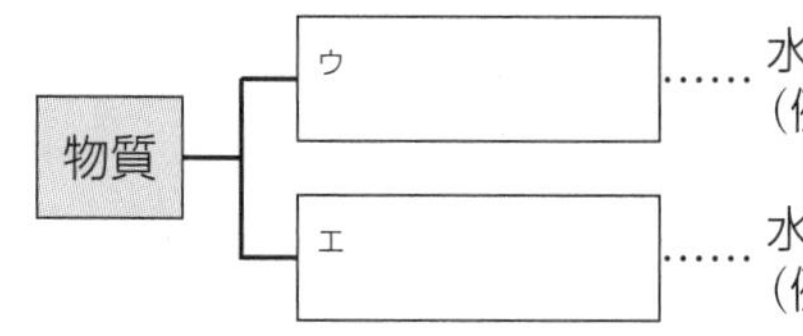

ウ……水溶液中で電離する物質。(例)塩化ナトリウム，水酸化ナトリウム

エ……水溶液中で電離しない物質。(例)スクロース，エタノール

ポイント!
1個の原子からなるイオンを**単原子イオン**，2個以上の原子からなるイオンを**多原子イオン**という。

ポイント!
電解質は，水溶液中で電離すると，電気を導く。

2 イオンの生成

陽イオン…原子が電子を失って，(オ　　　　)の電荷を帯びた粒子。

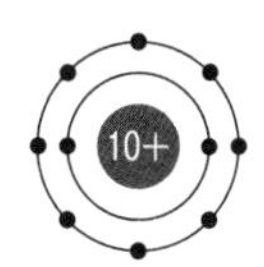

陰イオン…原子が電子を受け取って，(カ　　　　)の電荷を帯びた粒子。

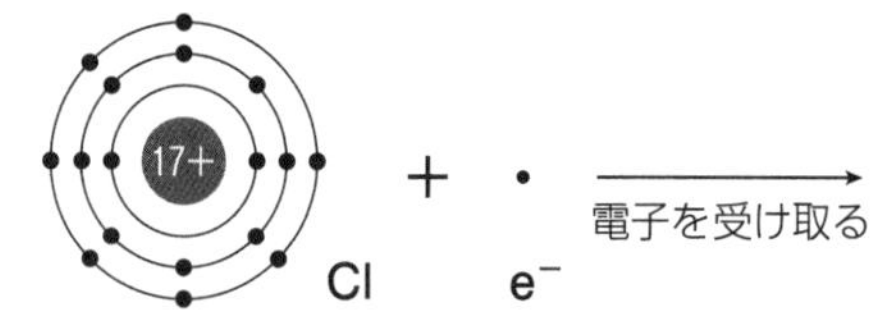
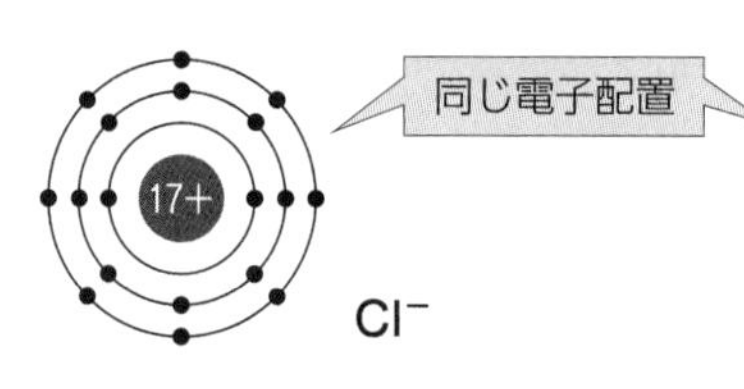
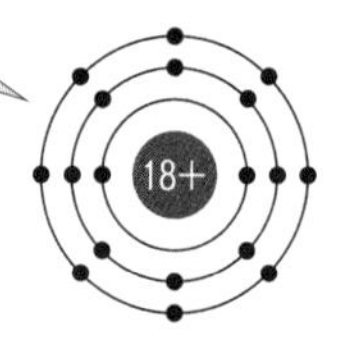

イオンの表し方…元素記号の右上に，イオンの価数と正負の符号を示す。

電荷	陽イオン		電荷	陰イオン	
+1	水素イオン	H^+	−1	塩化物イオン	シ
	ナトリウムイオン	キ		水酸化物イオン	ス
	ク	NH_4^+		セ	NO_3^-
+2	ケ	Ca^{2+}	−2	ソ	CO_3^{2-}
	銅(Ⅱ)イオン	コ		硫酸イオン	タ
+3	アルミニウムイオン	サ	−3	リン酸イオン	チ

ポイント!
元素が失ったり，受け取ったりした電子の数をイオンの価数という。

ポイント!
価数の異なるイオンが存在する場合は，ローマ数字を元素名に添えて区別する。
(Ⅰ)は1価，(Ⅱ)は2価，(Ⅲ)は3価を示す。

3 イオンへのなりやすさ

(ツ　　　　　)…電子を放出して陽イオンになりやすい性質。

(テ　　　　　)…電子を受け取って陰イオンになりやすい性質。

イオン化エネルギー…原子から電子1個を取り去って，1価の(ト　　　　　)イオンにするために必要なエネルギー。イオン化エネルギーの小さい原子ほど，陽イオンになり(ナ　　　　)い。

電子親和力…原子から電子1個を受け取って，1価の(ニ　　　　　)イオンになるときに放出されるエネルギー。

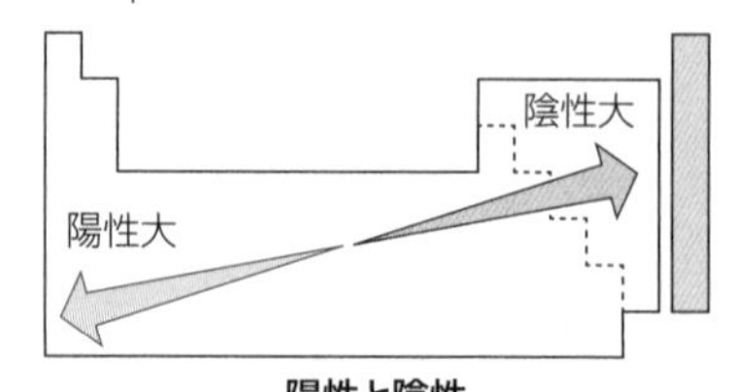

陽性と陰性

知識

32. イオンの生成　次の文中の(　　　)に適当な語句を入れよ。

まとめ 1 2

原子が電子を失うと，正の電荷をもつ(　ア　)イオンになる。一方，電子を受け取ると，負の電荷をもつ(　イ　)イオンになる。

ナトリウム原子は，電子1個を失って，(　ウ　)価の陽イオン，塩素原子は，電子1個を受け取って，(　エ　)価の陰イオンになる。1個の原子からなるイオンを単原子イオン，2個以上の原子からなるイオンを(　オ　)原子イオンという。

(ア)

(イ)

(ウ)

(エ)

(オ)

知識

33. イオンの表し方　次の各原子が，イオンになったときの化学式を記せ。また，そのときの電子配置はどの貴ガスと同じか。例にならって答えよ。

まとめ 2

原子	(例)Na	Li	O	F	Mg	S	Cl
化学式	Na^{+}						
同じ電子配置の貴ガス	Ne						

知識

34. 価電子とイオン　次の(ア)～(オ)について，下の各問いに答えよ。

まとめ 2

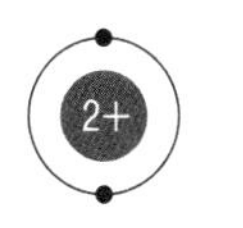

(ア)　He

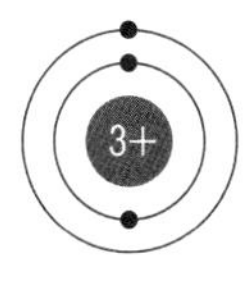

(イ)　Li

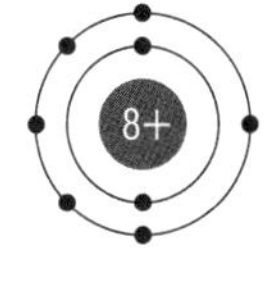

(ウ)　O

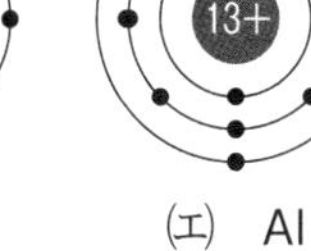

(エ)　Al

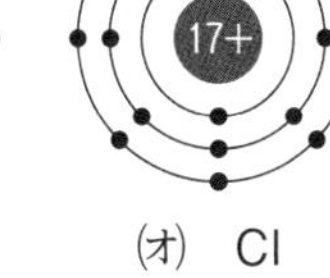

(オ)　Cl

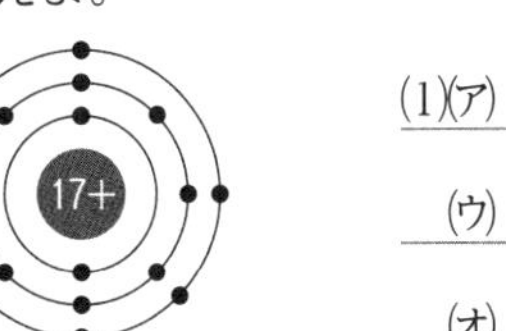

(1)　価電子の数をそれぞれ記せ。

(2)　1価の陽イオンになりやすいものを1つ選び，(ア)～(オ)の記号で記せ。

(3)　2価の陰イオンになりやすいものを1つ選び，(ア)～(オ)の記号で記せ。

(4)　イオンになりにくいものを1つ選び，(ア)～(オ)の記号で記せ。

(1)(ア)　　(イ)

(ウ)　　(エ)

(オ)

(2)

(3)

(4)

知識

35. イオンの表し方　表の空欄に適切な用語や値を入れて表を完成せよ。

まとめ 2

陽イオン				陰イオン			
元の原子	化学式	イオン名	電荷	元の原子	化学式	イオン名	電荷
Ba	ア	バリウムイオン	+2	S	エ	オ	−2
	NH_4^{+}	イ	ウ		OH^{-}	カ	−1

思考

36. イオン化エネルギー　右図は，原子番号1～20の原子のイオン化エネルギーを示したものである。次の各問いに答えよ。

まとめ 3

(1)　a，b，c の元素を含む元素群を何というか。

(2)　グラフ中の元素 a と Li では，どちらの方が陽イオンになりやすいか，元素記号で答えよ。

(1)

(2)

8 イオンからできる物質

学習日：　　月　　日／学習時間：　　分

学習のまとめ

1 イオン結合

イオン結合…陽イオンと陰イオン間の(ア　　　　　　)力による結合。

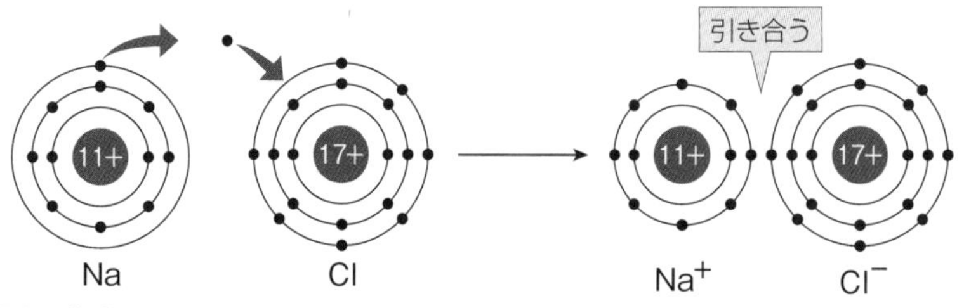

ポイント!
イオン結合は，陽イオンになりやすい金属元素と陰イオンになりやすい非金属元素との間に生じやすい。

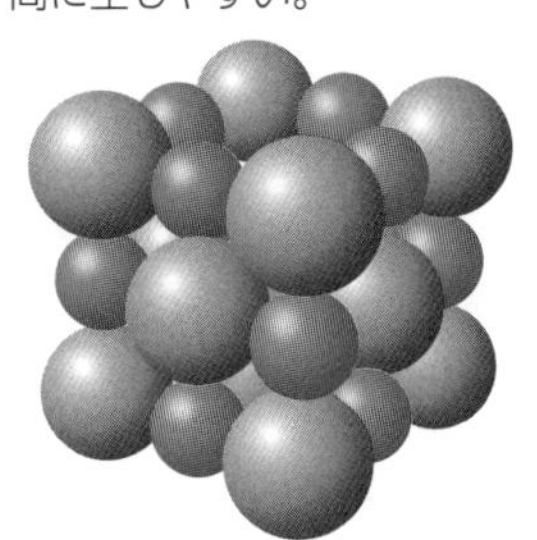
塩化ナトリウムの結晶

2 組成式

組成式…物質を構成する元素の組成を最も簡単な(イ　　　　　　)比で表した化学式。イオンからできる物質では，正負の電荷がつり合っているので，組成式では，次の関係が成り立つ。

陽イオンの価数 × 陽イオンの数 ＝ 陰イオンの価数 × 陰イオンの数
（正の電荷の総和）＝（負の電荷の総和）

組成式をつくる手順	Ca^{2+} と Cl^-
①陽イオンを前，陰イオンを後に書く。	$Ca^{2+}Cl^-$
②正負の電荷がつり合うようにイオンの数を合わせる。	2 価×1 個 ＝1 価×2 個 Ca^{2+}　Cl^-　Cl^- 電荷の総和　+2　　−2
③②で求めた数をイオンの右下に書く。このとき，電荷は書かない。	Ca_1Cl_2
④1 は省略する。多原子イオンの数が 2 以上のときは(　　)でくくる。	(ウ　　　　　)

ポイント!
多原子イオンの個数が 2 以上の場合は(　　)でくくり，その数を右下に書く。

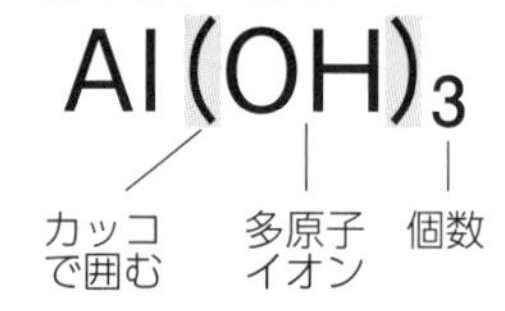

名称のつけ方…陰イオン，陽イオンの順に示す。

組成式　(陰イオン)　＋　(陽イオン)　⟶　名称
(例) $CaCl_2$　…塩化物イオン　カルシウムイオン　塩化カルシウム

ポイント!
名称をつけるとき，価数の異なるイオンが存在する場合は，ローマ数字を元素名に添える。
(例) CuO　酸化銅(Ⅱ)

3 イオン結晶の特徴

イオン結晶…陽イオンと陰イオンが規則正しく交互に配列した固体。

- かたいが，割れやすい。
- 融点の(エ　　　　　)ものが多い。
- 固体は電気を導かないが，融解液や(オ　　　　　)は電気を導く。
- 水に溶けるものが多い。

へき開…外力を加えると，同種のイオンが接近し，反発力を生じてある面に沿って割れる。

イオン結晶の用途…塩化カルシウム $CaCl_2$：凍結防止剤，乾燥剤
硫酸アンモニウム $(NH_4)_2SO_4$：窒素肥料

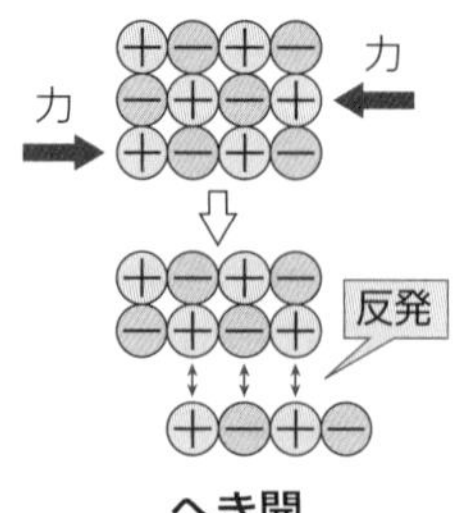

へき開

知識

37. イオンからなる物質　次の文中の(　　　)に適当な語句を入れよ。　まとめ 1 3

塩化ナトリウム NaCl は，Na^+ と Cl^- が，(　ア　)力によって結合してできている。このように，陽イオンと陰イオンが(　ア　)力によって結びついた結合を(　イ　)結合という。イオンからなる物質は，正負の電荷がつり合い，全体として電気的に(　ウ　)である。

(　イ　)結合によって，多数の陽イオンと陰イオンが規則正しく配列してできた固体を(　エ　)結晶という。

(ア)＿＿＿＿
(イ)＿＿＿＿
(ウ)＿＿＿＿
(エ)＿＿＿＿

思考

38. イオン結合とイオン結晶　次の記述のうち，正しいものを２つ選べ。　まとめ 1 3

(ア)　イオン結合は，非金属元素の原子どうしの間で生じやすい。
(イ)　イオン結合は，金属元素と非金属元素の原子の間で生じやすい。
(ウ)　イオン結晶は，融点の低いものが多い。
(エ)　イオン結晶は，非常にかたく，強い力を加えてもくずれにくい。
(オ)　イオンからなる物質は，固体では電気を導かないが，融解したり，水溶液にすると電気を導く。

＿＿＿＿と＿＿＿＿

知識

39. 組成式　例にならって，表中の[　　　　]に組成式を示し，(　　　　)にその名称を記せ。　まとめ 2

陰イオン／陽イオン	Cl^- 塩化物イオン	SO_4^{2-} 硫酸イオン	PO_4^{3-} リン酸イオン
Na^+ ナトリウムイオン	(例)　NaCl 塩化ナトリウム	Na_2SO_4 (ア　　　　)	[イ　　　　] (ウ　　　　)
Ca^{2+} カルシウムイオン	[エ　　　　] (オ　　　　)	[カ　　　　] (キ　　　　)	$Ca_3(PO_4)_2$ (ク　　　　)
Al^{3+} アルミニウムイオン	[ケ　　　　] (コ　　　　)	[サ　　　　] 硫酸アルミニウム	$AlPO_4$ リン酸アルミニウム

知識

40. 組成式　次の(1)～(3)の組成式と，(4)～(6)の名称をそれぞれ記せ。　まとめ 2

(1)　水酸化バリウム　＿＿＿＿　　(2)　炭酸カルシウム　＿＿＿＿
(3)　硫酸アンモニウム　＿＿＿＿　　(4)　$Ca(OH)_2$　＿＿＿＿
(5)　KNO_3　＿＿＿＿　　(6)　CuO　＿＿＿＿

知識

41. イオン結晶　次の(1)～(5)に多く含まれる物質として最も適当なものを，下の(ア)～(カ)から選び，記号で答えよ。　まとめ 3

(1)　食塩
(2)　窒素肥料
(3)　乾燥剤
(4)　チョーク
(5)　ベーキングパウダー

(ア)　$Ca(OH)_2$　　(イ)　$CaCl_2$
(ウ)　$NaHCO_3$　　(エ)　$(NH_4)_2SO_4$
(オ)　NaCl　　(カ)　$CaCO_3$

(1)＿＿＿＿ (2)＿＿＿＿
(3)＿＿＿＿ (4)＿＿＿＿
(5)＿＿＿＿

学習日：　　月　　日／学習時間：　　分

9 共有結合

学習のまとめ

1 分子

分子…いくつかの原子が結合してできた粒子。(例)水，酸素

　分子は，分子を構成する原子の数によって，(ア　　　　)原子分子，二原子分子，多原子分子(原子 3 個以上)に大別される。

(イ　　　　　)…分子を構成する原子を元素記号で示し，その数を元素記号の右下に書き添えた式。

酸素原子 1 個

H_2O

水素原子 2 個

ポイント!
貴ガスは，原子 1 個が分子のようにふるまうので，単原子分子に分類される。

2 共有結合と分子の形成

(ウ　　　　　)**結合**…原子どうしが電子を出し合い，電子を共有して生じる結合。(エ　　　　　　)元素の原子間で生じやすい。

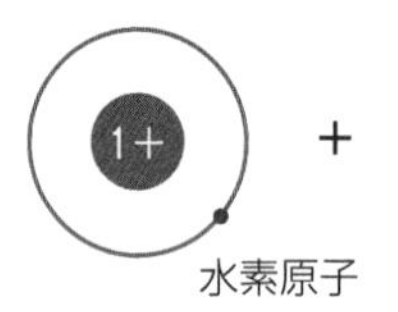

水素原子

＋

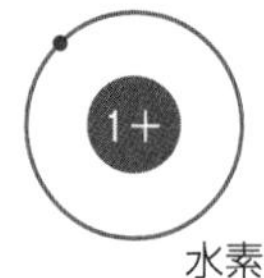

水素原子

→ 電子が共有される

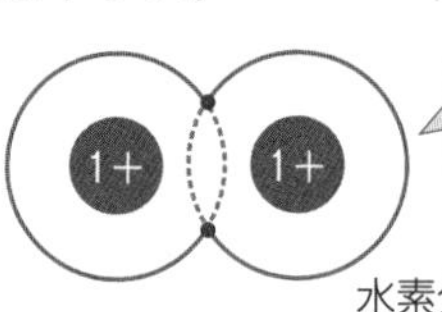

水素分子

似た電子配置

オ

2+

He の電子配置

3 分子の表し方

　原子の最外殻のようすは，元素記号の周囲に最外殻電子を点で示した式(電子式)で表される。

炭素原子

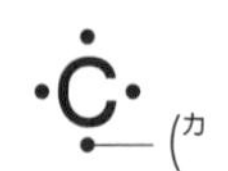

(カ　　　　)電子

窒素原子　N　電子対

水分子　H:O:H

(キ　　　　)電子対

(ク　　　　)電子対

　1 組の共有電子対による結合を**単結合**，2 組のものを**二重結合**，3 組のものを**三重結合**という。

構造式…原子間の結合を，1 組の共有電子対の代わりに 1 本の線を用いて表した式。構造式は，分子の形状を示すものではない。

例	水	二酸化炭素	アンモニア
分子式	H_2O	CO_2	NH_3
電子式	H:Ö:H	:Ö::C::Ö:	H:N̈:H H
構造式	H−O−H	O=C=O	H−N−H | H

ポイント!
組成式，分子式，電子式，構造式などを総称して，**化学式**という。

ポイント!

原子		電子式
水素	H−	H・(不対電子)
酸素	−O−	・Ö・
窒素	−N−	・N̈・
炭素	−C−	・Ċ・
塩素	Cl−	:C̈l・

4 配位結合

配位結合…一方の原子から供与された(ケ　　　　　　　)電子対が共有されて生じる共有結合。

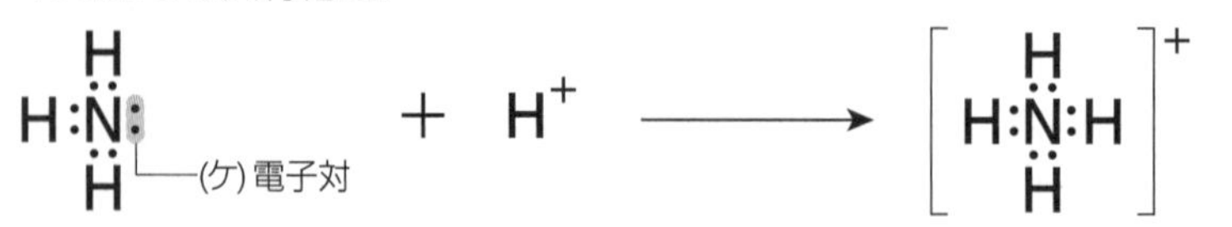

アンモニア分子　　水素イオン　　アンモニウムイオン

知識

42. 分子式 次の各分子の分子式を記せ。ただし，(　　　)内は，構成原子を示す。 →まとめ-1

(1) 酸素　　　(酸素原子 2 個)
(2) フッ化水素(水素原子 1 個，フッ素原子 1 個)
(3) 硫化水素　(水素原子 2 個，硫黄原子 1 個)
(4) エチレン　(炭素原子 2 個，水素原子 4 個)

(1) ____
(2) ____
(3) ____
(4) ____

知識

43. 分子の形成 次の(1)～(3)の分子中の下線部の原子は，どの貴ガスの原子の電子配置に似ているか。貴ガスの名称を記せ。 →まとめ-2

(1) 塩化水素 H<u>Cl</u>
(2) 水 H_2<u>O</u>
(3) アンモニア <u>N</u>H_3

(1) ____
(2) ____
(3) ____

知識

44. 電子式 次の各原子の電子式を記せ。 →まとめ-3

(1) $_{3}Li$	(2) $_{9}F$	(3) $_{10}Ne$	(4) $_{16}S$	(5) $_{17}Cl$

知識

45. 電子式と構造式 次の分子を電子式と構造式で示せ。また，分子内の共有電子対の数を答えよ。 →まとめ-3

	(例)水 H_2O	窒素 N_2	塩化水素 HCl	メタン CH_4	二酸化炭素 CO_2
電子式	H:Ö:H				
共有電子対の数	2				
構造式	H−O−H				

思考

46. 結合の種類 次の各分子について，下の各問いに答えよ。 →まとめ-3

(ア) N_2　(イ) HCl　(ウ) H_2O　(エ) CH_4　(オ) CO_2

(1) 二重結合を含むものを 1 つ選び，記号で答えよ。
(2) 三重結合を含むものを 1 つ選び，記号で答えよ。
(3) 単結合を最も多く含むものを選び，記号で答えよ。

(1) ____
(2) ____
(3) ____

知識

47. 配位結合 次の文中の(　　　)に適当な語句を記せ。 →まとめ-4

アンモニア分子 NH_3 は，水素イオン H^+ と結合してアンモニウムイオン NH_4^+ を生じる。この場合，N の(　ア　)電子対が，電子をもたない H^+ との間で共有される。このような結合を(　イ　)結合という。(　イ　)結合は，(　ウ　)イオン H_3O^+ などの形成のときにもみられる。

(ア) ____
(イ) ____
(ウ) ____

学習日：　　月　　日／学習時間：　　分

10 分子の極性

学習のまとめ

1 分子の形

水	アンモニア	メタン	二酸化炭素
			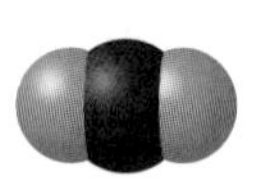
(ア　　　　)形	(イ　　　　)形	(ウ　　　　)形	(エ　　　　)形

2 電気陰性度と結合の極性

異なる元素の原子間の共有結合では，共有電子対が一方の原子にかたよって存在し，電荷のかたよりを生じている。このように，結合に電荷のかたよりがあることを，結合に(オ　　　　)があるという。

(カ　　　　)…原子が共有電子対を引き寄せる力の強さの尺度。値が大きい元素の原子ほど，共有電子対を強く引き寄せる。

電気陰性度の差 → 大きい……極性大 → 小さい……極性小

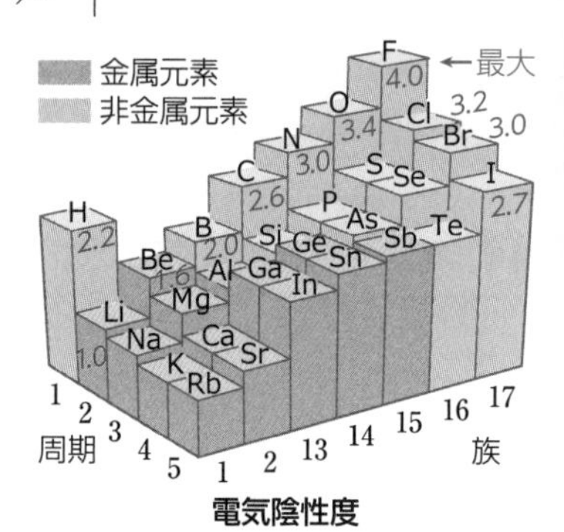

ポイント!
一般に電気陰性度は，貴ガスを除き，周期表の右上にある元素のものほど大きい傾向がある。

3 分子の形と分子の極性

(キ　　　　)**分子**…分子全体で極性を示さない分子。

(ク　　　　)**分子**…分子全体で極性を示す分子。

3個以上の原子からなる分子の場合，結合の極性は，分子の形も考える必要がある。

(例)　二酸化炭素 CO_2…C=O 結合に極性が(ケ　　　　)が，2つの C=O 結合の極性の大きさが等しく，(コ　　　　)が反対であるため，極性が互いに打ち消し合い，全体では無極性分子になる。

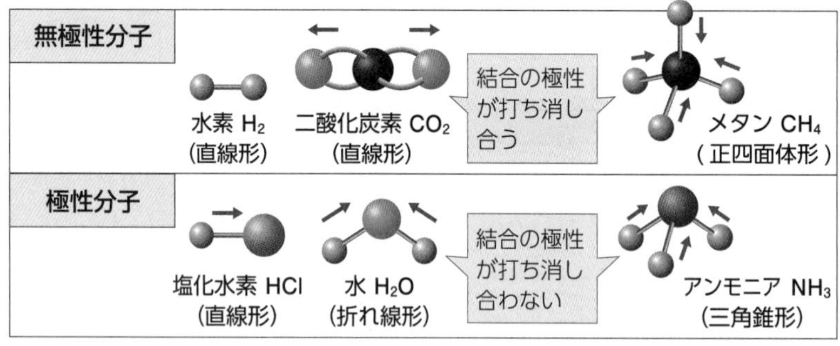

→は極性を表す

4 水への溶けやすさ

一般に，極性分子どうし，無極性分子どうしは混ざりやすく，極性分子と無極性分子は混ざりにくい傾向がある。

	水(極性溶媒)	ヘキサン(無極性溶媒)
アンモニア(極性分子)	サ	溶けない
ヨウ素(無極性分子)	溶けない	シ

📖知識

48. 極性と電気陰性度　次の文中の(　　　)に適当な語句を入れよ。

まとめ-2

原子が(　ア　)電子対を引き寄せる強さの尺度を電気陰性度という。

電気陰性度の異なる2原子間の共有結合では，電気陰性度の(　イ　)原子の方に電子対が引き寄せられるため，その原子はわずかに(　ウ　)の電荷をもち，他方の原子はわずかに(　エ　)の電荷をもつ。このように，結合した2原子間に電荷のかたよりがあることを，結合に(　オ　)があるという。

(ア)＿＿＿＿
(イ)＿＿＿＿
(ウ)＿＿＿＿
(エ)＿＿＿＿
(オ)＿＿＿＿

思考

49. 極性と電気陰性度　次の各問いに答えよ。ただし，電気陰性度の値は次の値を用いよ。

まとめ-2

H：2.2，C：2.6，N：3.0，O：3.4，F：4.0

(1)　次の結合(a)〜(c)で，わずかに負の電荷をもつ原子はどちらか。それぞれ元素記号で答えよ。

(a)　H−F 結合　　(b)　C−H 結合　　(c)　O−H 結合

(2)　次の分子(a)〜(c)の結合の電荷のかたよりを，例にならって図中に矢印で記せ。矢印は，共有電子対が引き寄せられる向きを示す。

(例)　フッ化水素　　(a)　水　　(b)　アンモニア　　(c)　二酸化炭素

(1)(a)＿＿＿＿
(b)＿＿＿＿
(c)＿＿＿＿

思考

50. 分子の形と極性　水 H_2O と二酸化炭素 CO_2 はいずれも三原子分子であるが，H_2O は極性分子，CO_2 は無極性分子である。これらの違いを説明する文章として正しいものには○を，誤っているものには × を記せ。

まとめ-3

(ア)　O−H 結合の方が C＝O 結合よりも極性が大きいから。

(イ)　O−H 結合は単結合であり，C＝O 結合は二重結合であるから。

(ウ)　二酸化炭素では，C＝O 結合がもつ極性が分子全体としては打ち消されるから。

(ア)＿＿＿＿
(イ)＿＿＿＿
(ウ)＿＿＿＿

📖知識

51. 分子の形と極性　次の(a)〜(f)は，極性分子か無極性分子か。極性分子の場合は A，無極性分子の場合は B と記せ。

まとめ-1 3

(a)　メタン　　(b)　アンモニア　　(c)　水
(d)　二酸化炭素　　(e)　塩化水素　　(f)　窒素

(a)＿＿＿＿　(b)＿＿＿＿
(c)＿＿＿＿　(d)＿＿＿＿
(e)＿＿＿＿　(f)＿＿＿＿

📖知識

52. 水への溶けやすさ　次の組み合わせのうち，互いに混ざりやすいものを1つ選び，記号で答えよ。

まとめ-4

(ア)　水と塩化水素 HCl　　(イ)　水とヨウ素 I_2
(ウ)　水とヘキサン

＿＿＿＿

11 分子からできる物質

学習日：　　月　　日／学習時間：　　分

学習のまとめ

1 分子結晶の特徴

分子結晶…多数の分子が(ア　　　　　)によって集合してできた結晶。分子式で表される。（例）ヨウ素 I_2，ドライアイス CO_2

- やわらかく，割れやすいものが多い。
- 融点が低いものが多い。
- 電気を導かない。
- ヨウ素のように，(イ　　　　　)しやすいものがある。

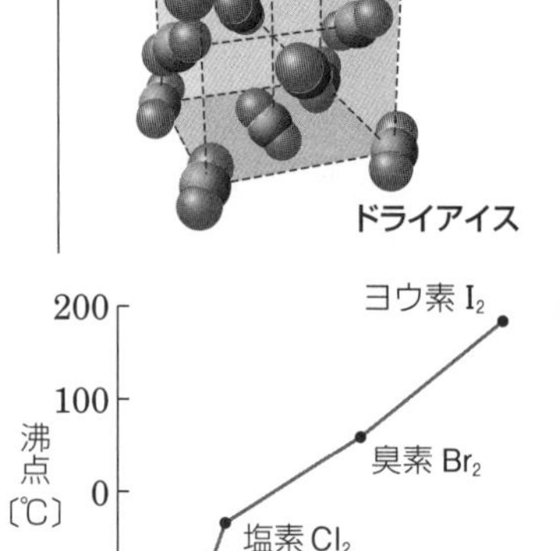

ドライアイス

ハロゲンの単体の沸点

2 分子間力

(ウ　　　　　)**力**…分子間に働く弱い引力や相互作用の総称。イオン結合や共有結合よりもはるかに(エ　　　　　)い。

発展 (オ　　　　　)**力**…すべての分子間に働く弱い引力。分子の質量が大きいほど強く作用する。

水素結合…電気陰性度の大きい F，O，N の原子間に，(カ　　　　　)原子が介在することで生じる静電気的な引力による結合。一般に，ファンデルワールス力よりも強い。

3 分子からなる物質の性質と用途

気体	性質	用途の例
水素 H_2	無色，無臭。気体のうちで最も(キ　　　　　)い。	燃料電池
酸素 O_2	無色，無臭。空気の体積の約 21％ を占める。	医療用酸素，金属の溶接
塩素 Cl_2	黄緑色，刺激臭。水溶液は，漂白作用を示す。	水道水の殺菌
二酸化炭素 CO_2	無色，無臭。(ク　　　　　)を白濁する	炭酸飲料，冷却剤
アンモニア NH_3	無色，刺激臭。水溶液は塩基性を示す。	窒素肥料，硝酸の原料

4 有機化合物

有機化合物…(ケ　　　　　)原子を骨格とする分子からできている。

メタン CH_4…(コ　　　　　)の主成分であり，都市ガスに利用される。

エチレン C_2H_4…かすかに甘いにおいのある気体。植物ホルモンの一種。

エタノール C_2H_5OH…アルコール飲料や燃料，消毒薬に利用される。

ポイント! 有機化合物を構成する元素の種類は少ないが，化合物の種類は非常に多い。

5 高分子化合物

高分子化合物…数千個以上の原子が結合してできた巨大な分子。合成高分子化合物と天然高分子化合物に分類される。

合成高分子化合物は，多数の小さい分子を(サ　　　　　)させてつくられる。原料となる小さい分子を(シ　　　　　)，生成した高分子を(ス　　　　　)という。

（例）ポリエチレン，ナイロン，ポリエチレンテレフタラートなど

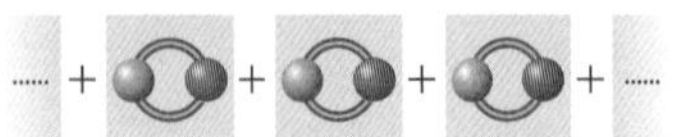

(サ)

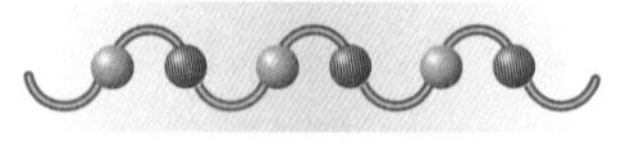

ポイント! デンプンやタンパク質は，天然高分子化合物である。

思考

53. 分子結晶 次の記述のうち，分子からできる物質(分子結晶)について述べたものを1つ選べ。

まとめ 1 2

(ア) 固体では電気を導かないが，液体や水溶液では電気を導く。
(イ) 力を加えると薄い板にすることができる。
(ウ) かたいが，強い力を加えると割れやすい。
(エ) 分子間力が弱いため，融点の低いものが多い。

知識

54. 有機化合物の用途 有機化合物に関する次の記述について，関連する物質を下の語群から選び，物質名で答えよ。

まとめ 4

(1) 食酢中に含まれ，医薬や合成樹脂などの原料として用いられる。
(2) 天然ガスの主成分であり，燃料として都市ガスなどに用いられる。
(3) 合成樹脂などの化学製品の原料に用いられる。また，植物ホルモンの一種である。

【語群】 メタン　酢酸　ベンゼン　エチレン

(1)
(2)
(3)

知識

55. 有機化合物 次の有機化合物の構造式を答えよ。

まとめ 4

(1) メタン CH_4	(2) エチレン C_2H_4	(3) エタノール C_2H_5OH

知識

56. 高分子化合物 高分子化合物に関する次の記述について，関連する物質を下の語群から選び，物質名で答えよ。

まとめ 5

(1) 容器やポリ袋などに利用される。
(2) 清涼飲料水の容器などに利用される。
(3) 発泡スチロールとして食品用トレイなどに利用される。

【語群】 ポリエチレンテレフタラート　ポリスチレン
ポリエチレン

(1)
(2)
(3)

知識　発展

57. 分子間力と水素結合 右のグラフは，分子の質量と沸点の関係を示している。次の文中の(　　)に適当な語句を入れよ。

14族元素の水素化合物では，分子の質量が大きくなるほど，化合物の沸点が高くなる傾向がある。これは，分子の質量が大きくなるほど，(ア　　　　　　)力が強く働くからである。

一方，16族元素の水素化合物では，H_2O が他の水素化合物に比べて，特に高い沸点を示している。これは，H－O 間の電気陰性度の差が特に(イ　　　　)ため，分子間に(ア)力による結合よりも強い(ウ　　　　)結合が働くためである。(ウ)結合は，H_2O のほか，HF や NH_3 の分子間でも働く。

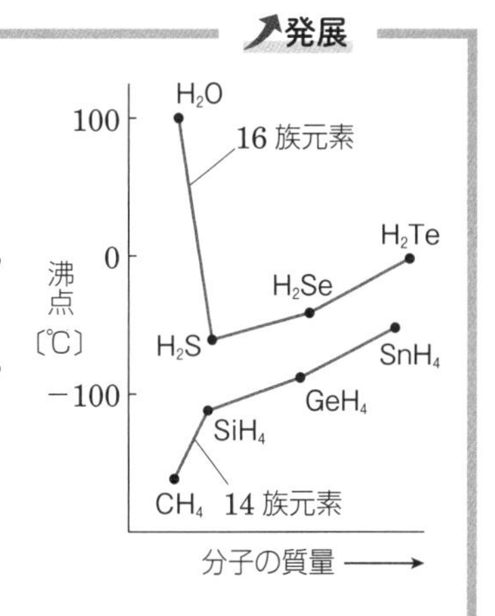

学習日：　　月　　日／学習時間：　　分

12 共有結合の結晶と金属結晶

学習のまとめ

1 共有結合の結晶

共有結合の結晶…すべての原子が(ア　　　　　)結合によって規則正しく結びついてできた結晶。

- 非常にかたく，融点が非常に高い。
- 水に溶けない。
- 電気を導きにくい。

ダイヤモンド C…炭素原子 C が 4 個の価電子を使い，(イ　　　)個の炭素原子と共有結合を形成して，正四面体をつくりながら配列している。

黒鉛 C…炭素原子 C がつくる平面構造が何層にも重なってできている。やわらかく，薄くはがれやすい。電気をよく(ウ　　　　)。

ケイ素 Si…ケイ素原子 Si がダイヤモンドと同じ構造で配列している。(エ　　　　)体としてコンピュータなどに用いられる。

二酸化ケイ素 SiO_2…ケイ素原子 Si と酸素原子 O が(オ　　)：(カ　　)の数の割合で結合している。光ファイバーなどに用いられる。

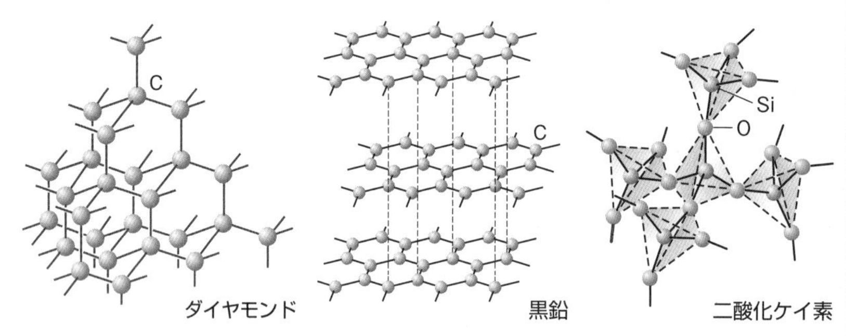

ダイヤモンド　　黒鉛　　二酸化ケイ素

ポイント! 共有結合の結晶を表すには，組成式が用いられる。

ポイント! 黒鉛は，共有結合の結晶に分類されるが，やわらかく，電気をよく導く。

ポイント! 二酸化ケイ素は，共有結合の結晶であり，SiO_2 で示される分子は存在しない。

2 金属結合と金属結晶の特徴

(キ　　　　)結合…金属原子の価電子が(ク　　　　)電子として金属内を動きまわり，金属原子を互いに結びつけている結合。

金属結晶…金属原子が金属結合によって結びついてできた結晶。

- 金属光沢がある。
- 電気や(ケ　　　)をよく導く。
- 融点は低いものから高いものまである。
- (コ　　　)性をもつ。⟶ たたいて薄い箔にできる性質がある。
- (サ　　　)性をもつ。⟶ 引き延ばして細い線にできる性質がある。

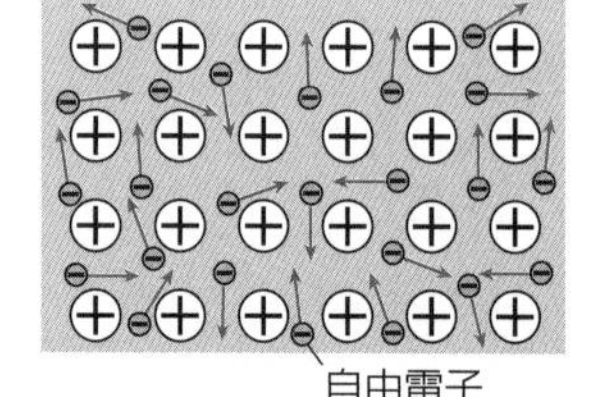

ポイント! 金属結晶を表すには，組成式が用いられる。(例)ナトリウム Na

3 金属の利用

金属	特徴	用途
シ	最も製造量の多い金属。	自動車，建造物
ス	軽くてやわらかい金属。	1 円硬貨，飲料用の缶，航空機
銅	赤味を帯びた金属。電気や熱をよく導く。	10 円硬貨，電線，銅なべ
水銀	密度が大きく常温で唯一(セ　　　)体の金属。	—

知識

58. 共有結合の結晶　図はダイヤモンドの結晶構造である。次の文中の(　　　)に適当な語句を入れよ。

まとめ-1

ダイヤモンドの結晶は，1個の炭素原子が4個の炭素原子と(　ア　)結合を形成してできている。結晶の大きさによって，結合している炭素原子の数が異なり，その化学式は，(　イ　)式を用いてCと表される。二酸化ケイ素も同様で，ケイ素原子と酸素原子が，1：2の比で結合しており，(　イ　)式を用いて(　ウ　)と表される。共有結合の結晶は，かたく，電気を導きにくい。また，融点は非常に(　エ　)い。

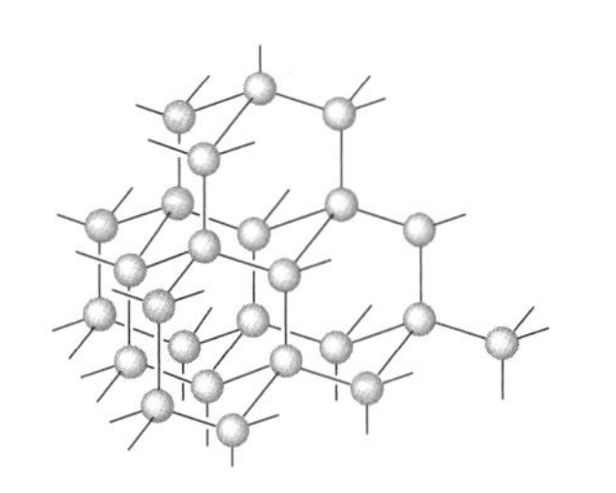

(ア)
(イ)
(ウ)
(エ)

思考

59. 共有結合の結晶　共有結合の結晶に関する次の記述(1)～(4)で，正しいものには○を，誤っているものには×を記せ。

まとめ-1

(1)　ダイヤモンドと黒鉛はいずれも電気をよく導く。
(2)　ダイヤモンドはイオン結合でできているので，非常にかたい。
(3)　黒鉛は，平面状の分子が積み重なった構造をしており，薄くはがれやすい。
(4)　二酸化ケイ素はガラス，光ファイバーなどの原料に用いられている。

(1)
(2)
(3)
(4)

知識

60. 金属結合と金属結晶　次の文中の(　　　)に適当な語句を入れよ。

まとめ-2

銅や鉄などの金属の単体では，各原子の価電子が特定の原子間に固定されず，原子間を自由に動くことができる。このような電子を(　ア　)という。金属の結晶では，価電子を放出して正の電荷を帯びた金属原子が(　ア　)によって結びつき，(　イ　)結合を形成しているため，熱や(　ウ　)をよく導く。また，たたくと箔のように薄く広がる(　エ　)性，引っ張ると線のように延びる(　オ　)性を示す。

(ア)
(イ)
(ウ)
(エ)
(オ)

知識

61. 金属の利用　次の記述に該当する金属を下から選び，記号で示せ。

まとめ-3

(1)　銀白色の，軽くて比較的やわらかい金属で，1円硬貨や飲料用の缶などに利用されている。
(2)　赤味を帯びた，電気や熱をよく導く金属で，電線やなべなどに用いられる。
(3)　銀白色の金属で，炭素の含有量に応じて，かたさなどの性質が異なる。自動車，建造物などの材料として用いられる。

(ア)　鉄　　(イ)　アルミニウム　　(ウ)　銅

(1)
(2)
(3)

13 化学結合のまとめ

学習のまとめ

	非金属元素の原子	非金属元素の原子	非金属元素の原子・金属元素の原子	金属元素の原子
構成粒子		(ア　　　)結合 → 分子	電子の授受 → 陰イオン・陽イオン	
構成粒子間の結合	共有結合	分子間力	(イ　　　)結合	金属結合
結晶	共有結合の結晶	分子結晶	イオン結晶	ウ
化学式	(エ　　　)	分子式	組成式	組成式
電気伝導性	よくない(黒鉛はよい)	よくない	よくない(融解液・水溶液はよい)	よい
融点	非常に高い	低い	高い	低い～高い
かたさ	非常にかたい	やわらかく，くだけやすい	かたいが，割れやすい	展性・延性に富む
例	ダイヤモンドC 二酸化ケイ素SiO_2	二酸化炭素CO_2 水H_2O	塩化ナトリウムNaCl 酸化銅(Ⅱ)CuO	鉄Fe 銅Cu

知識

62. 結晶の性質と化学結合　次の(1)～(4)の化学結合でできた結晶について，その性質として，最も適当なものを(ア)～(エ)より選べ。

(1)　イオン結合　　(2)　共有結合　　(3)　金属結合　　(4)　分子間力

(ア)　延性・展性を示し，固体でも，熱や電気をよく導く。
(イ)　融点が低く，昇華しやすい結晶もある。
(ウ)　非常にかたく，融点が高い。
(エ)　固体は電気を通さないが，水溶液や融解液は電気をよく通す。

(1)＿＿＿＿
(2)＿＿＿＿
(3)＿＿＿＿
(4)＿＿＿＿

思考

63. 結晶の比較　白色の物質A～Cについて，次の実験を行った。A～Cに該当する物質を(ア)～(ウ)より選べ。

(ア)　塩化ナトリウム　　(イ)　石英　　(ウ)　ナフタレン

実験①：水に溶かすと，Aはよく溶けるが，B，Cは溶けない。
実験②：A～Cをそれぞれ放置しておくと，Bは徐々に小さくなったが，AとCは変化しなかった。
実験③：ガスバーナーで加熱しても，Cだけは変化しなかった。

A＿＿＿＿
B＿＿＿＿
C＿＿＿＿

知識

64. 物質の電気伝導性　次の固体の電気伝導性や水への溶解性を調べた。下の各問いに，最も適当なものを(ア)～(エ)より選べ。

(ア)　銅　　(イ)　塩化ナトリウム
(ウ)　水晶(二酸化ケイ素)　　(エ)　氷砂糖(スクロースの結晶)

(1)　固体のままで，電気をよく導くのはどれか。
(2)　水に溶けるものはどれか。2つ選べ。
(3)　水に溶けるもののうち，その水溶液が電気をよく導くのはどれか。

(1)＿＿＿＿
(2)＿＿＿＿と＿＿＿＿
(3)＿＿＿＿

覚えておきたい化学式　次のイオン，物質の化学式を答えよ。

イオン(イオンの化学式)

(1) 水素イオン　(　　　)

(2) アンモニウムイオン　(　　　)

(3) 銅(Ⅱ)イオン　(　　　)

(4) 鉄(Ⅲ)イオン　(　　　)

(5) 塩化物イオン　(　　　)

(6) 水酸化物イオン　(　　　)

(7) 酢酸イオン　(　　　)

(8) 硫酸イオン　(　　　)

(9) リン酸イオン　(　　　)

分子からなる物質(分子式)

(10) 水素　(　　　)

(11) 窒素　(　　　)

(12) 水　(　　　)

(13) 二酸化炭素　(　　　)

(14) アンモニア　(　　　)

(15) メタン　(　　　)

(16) エチレン　(　　　)

(17) 硝酸　(　　　)

(18) 硫酸　(　　　)

イオン結晶(組成式)

(19) 塩化ナトリウム　(　　　)

(20) 水酸化ナトリウム　(　　　)

(21) 塩化カルシウム　(　　　)

(22) 水酸化カルシウム　(　　　)

(23) 硝酸カリウム　(　　　)

(24) 塩化アンモニウム　(　　　)

(25) 水酸化銅(Ⅱ)　(　　　)

(26) 硫酸銅(Ⅱ)　(　　　)

(27) 硫酸アルミニウム　(　　　)

共有結合の結晶・金属結晶(組成式)

(28) ダイヤモンド　(　　　)

(29) 黒鉛　(　　　)

(30) ケイ素　(　　　)

(31) 二酸化ケイ素　(　　　)

(32) 鉄　(　　　)

(33) 銅　(　　　)

(34) アルミニウム　(　　　)

(35) 水銀　(　　　)

(36) 金　(　　　)

第1章 実力チェック 確認 Step1

学習日：　　月　　日／学習時間：　　分

大学入試の問題に取り組もう

知識

問1 **純物質** 純物質であるものを，次の(ア)～(カ)から１つ選べ。

(ア) 空気　(イ) 塩酸　(ウ) 海水
(エ) 牛乳　(オ) 石油　(カ) ドライアイス

（13　センター追試　改）

思考

問2 **物質の三態** 図は物質の三態の間の状態変化を示したものである。(ア)～(ウ)に適当な語句を入れよ。

（15　センター本試　改）

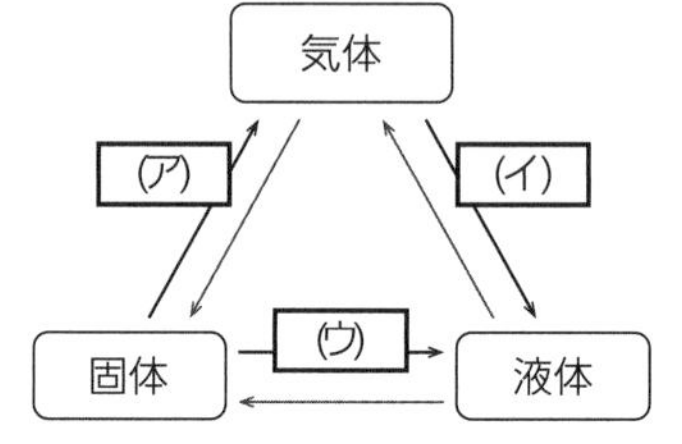

(ア)
(イ)
(ウ)

思考

問3 **混合物の分離** 物質を分離する操作に関する記述として下線部が正しいものを，次の(ア)～(ウ)のうちから１つ選べ。

(ア) 溶媒に対する溶けやすさの差を利用して，混合物から特定の物質を溶媒に溶かして分離する操作を<u>抽出</u>という。

(イ) 沸点の差を利用して，液体の混合物から成分を分離する操作を<u>昇華法</u>という。

(ウ) 固体の混合物を加熱して，固体から直接気体になる成分を冷却して分離する操作を<u>蒸留</u>という。

（16　センター本試　改）

知識

問4 **同位体** 互いに同位体である原子どうしで異なるものを，次の(ア)～(オ)から１つ選べ。

(ア) 原子番号　(イ) 陽子の数　(ウ) 中性子の数
(エ) 電子の数　(オ) 価電子の数

（12　センター本試）

思考

問5 **元素の周期表** 表は，元素の周期表の一部であり，各元素はア～タの記号で示してある。この周期表について，次の各問いに答えよ。

周期＼族	1	2	13	14	15	16	17	18
2	ア	イ	ウ	エ	オ	カ	キ	ク
3	ケ	コ	サ	シ	ス	セ	ソ	タ

(1) イ，エ，カ，サを元素記号で記せ。

(2) ア～タのうち，価電子を５個もつ元素をすべて選び，元素記号で記せ。

(3) ア～タのうち，金属元素をすべて選び，元素記号で記せ。

(1) イ：　エ：
カ：　サ：
(2)
(3)

思考

問6 **イオン結晶**　固体の状態でイオン結晶であるものを，次の(ア)～(オ)から1つ選べ。

(ア)　CO_2　(イ)　H_2O　(ウ)　CaO　(エ)　SO_2　(オ)　SiO_2

(93　センター本試)

思考

問7 **分子式**　分子式であるものを，次の(ア)～(カ)から1つ選べ。

(ア)　SO_2　(イ)　Ag_2O　(ウ)　Fe
(エ)　NaOH　(オ)　$MgCl_2$　(カ)　$(NH_4)_2SO_4$

(13　センター追試)

思考

問8 **極性分子と無極性分子**　極性分子と無極性分子の組み合わせとして最も適当なものを，次の(ア)～(オ)から1つ選べ。

(ア)　H_2 と Cl_2　(イ)　HF と HCl　(ウ)　H_2S と H_2O
(エ)　CO_2 と CCl_4　(オ)　NH_3 と CH_4

(00　センター本試)

知識

問9 **結晶**　次の記述の(　　　　)から，正しいものを選べ。

(1)　ヨウ素の結晶では，ヨウ素分子どうしが(分子間力・共有結合)で結びついている。
(2)　塩化カリウムの結晶では，(KCl 分子どうし・K^+ と Cl^-)が静電気的な引力で結びついている。
(3)　金属の結晶が電気をよく導くのは，(自由電子・共有電子対)が存在するためである。
(4)　(黒鉛・ダイヤモンド)は，1個の炭素原子に4個の炭素原子が正四面体状に共有結合した構造をもっている。
(5)　二酸化ケイ素の結晶は，ケイ素と酸素が(イオン・共有)結合によって，三次元的につながったものである。

(93　センター追試　改)

(1)
(2)
(3)
(4)
(5)

思考

問10 **身のまわりにある固体**　次の記述に該当する化合物を下の語群から選べ。

(1)　イオン結晶であり，融点が高い。
(2)　金属結晶であり，たたいて薄く広げることができる。
(3)　ダイヤモンドと同じ構造で，半導体の材料として用いられる。
(4)　二酸化炭素の結晶で，分子間力が弱く，昇華性がある。

語群　ドライアイス　塩化ナトリウム　金　ケイ素

(13　センター追試　改)

(1)
(2)
(3)
(4)

学習日：　月　日／学習時間：　分

大学入試の問題に取り組もう

思考

問1 **熱運動** 水は水蒸気や氷などさまざまな状態で身のまわりに存在している。水の状態と熱運動に関する次の記述(1)~(3)について，正しいものには「○」，誤りを含むものには「×」を記せ。

(1) 水を冷却していくと，構成する水分子の熱運動が完全に停止して氷になる。

(2) 20℃ の水と 50℃ の水では，いずれも水分子の熱運動の激しさは同じである。

(3) 氷と水が共存する状態では，氷がすべてとけるまで熱を加えても温度は一定に保たれる。

(1)
(2)
(3)

思考

問2 **元素の確認** 押入れ用の除湿剤中に塩化カルシウムが含まれていることを確認するために次の実験を行った。(　　)にあてはまる語句として適当なものを下の語群から選べ。

【実験操作】

1．除湿剤の中身を純水の入ったビーカーに加えて，かき混ぜた。

2．操作1の後，静置した水溶液に除湿剤の中身が一部溶け残ったので(　ア　)し，液体と固体とに分離した。

3．操作2で得られた液体を試験管に少量取り，白金線を用いて炎色反応を確認した。

4．操作2で得られた液体を試験管に少量取り，硝酸銀水溶液を滴下した。

【結果】

1．操作3では，(　イ　)色の炎色を呈した。このことから，Ca が含まれることがわかった。

2．操作4では，(　ウ　)色の沈殿を生じた。このことから，Cl が含まれることがわかった。

結果1~2から，除湿剤中に塩化カルシウムが含まれていることが確認できた。

語群 ろ過　蒸留　抽出　昇華　赤　黄　赤紫　橙赤　白　褐

(ア)
(イ)
(ウ)

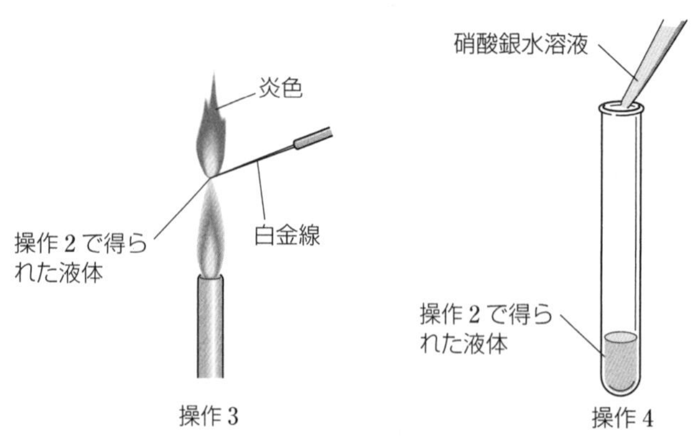

思考

問3　元素の周期律　メンデレーエフと同時代の科学者マイヤーは，元素の性質が原子量とともに周期的に変わることを見いだした。

次の3種類のグラフは，(ア)価電子の数，(イ)イオン化エネルギー，(ウ)電気陰性度のいずれかが，原子番号とともに周期的に変わる様子を示したものである。グラフの縦軸A，B，Cとして適当なものを(ア)～(ウ)から選び，記号で答えよ。

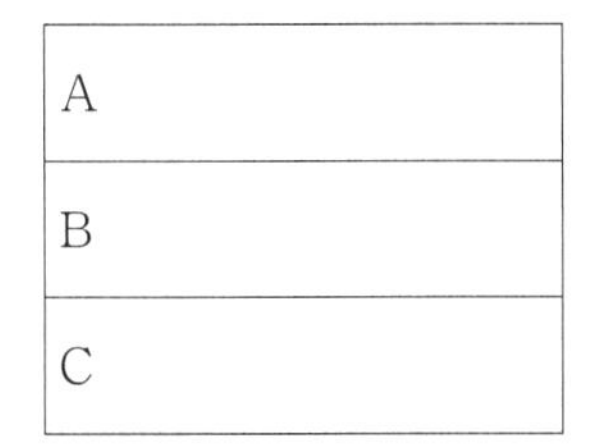

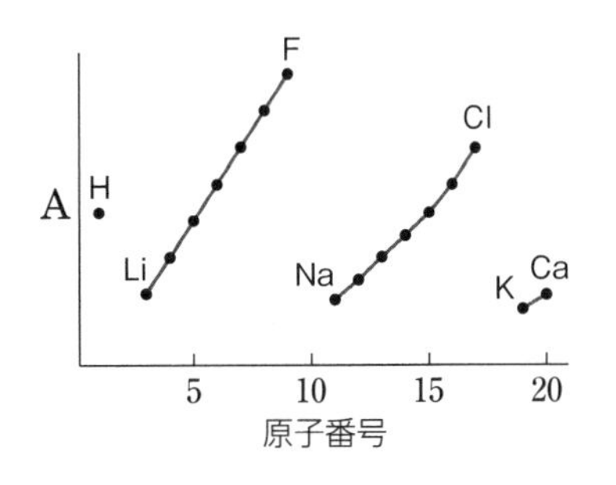

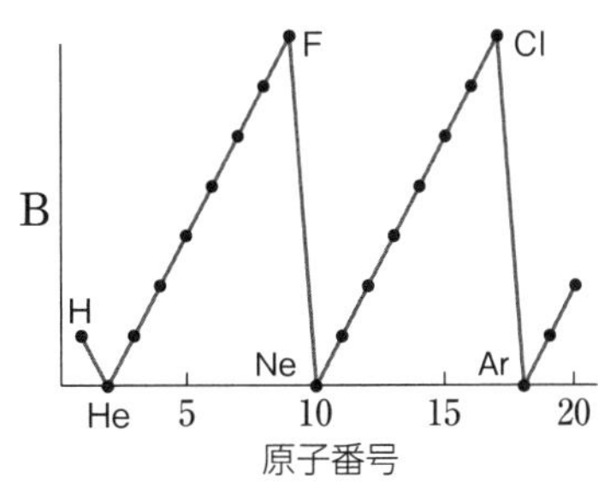

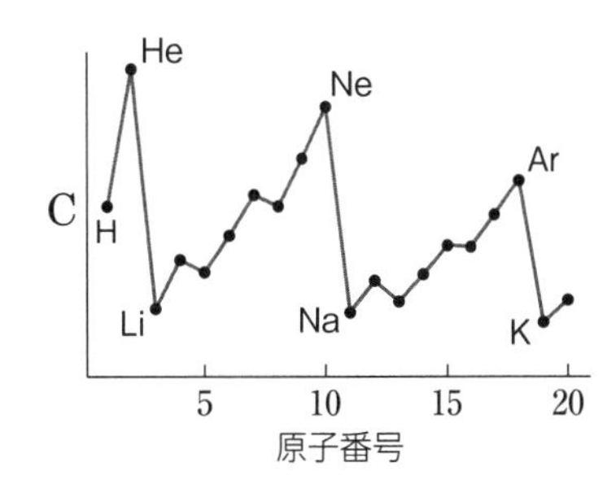

思考

問4　結晶の識別　食塩(塩化ナトリウム)，氷砂糖(スクロース)，水晶(二酸化ケイ素)，鉛の4種類の物質がある。図は，それぞれがどの物質であるかを識別する実験の手順を示したものである。次の各問いに答えよ。

(1) 操作2
操作3
(2) A
B
C
D
E
F

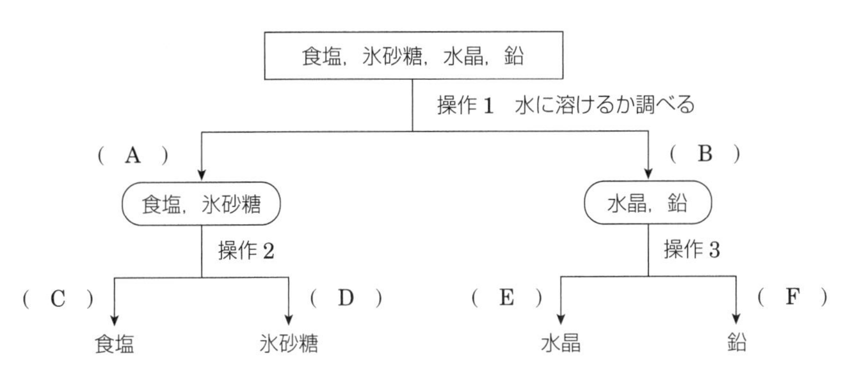

(1)　操作2，操作3にあてはまる実験として適当なものを，(ア)，(イ)から選び，記号で答えよ。

(ア) 固体が電気を導くか調べる。

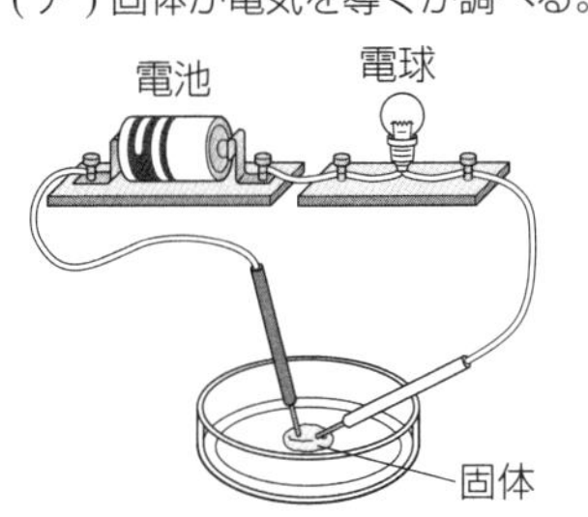

(イ) 水溶液が電気を導くか調べる。

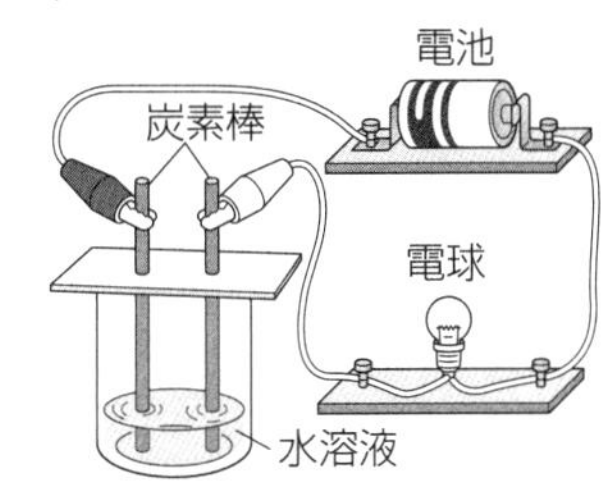

(2)　(A)～(F)にあてはまる語句として適当なものを，(ア)～(エ)から選び，記号で答えよ。ただし，同じ記号を何度用いてもよい。

(ア) 水に溶ける　　(イ) 水に溶けない　　(ウ) 電気を導く　　(エ) 電気を導かない

特集 指数と有効数字

学習日：　　月　　日／学習時間：　　分

1 指数

10 を n 回かけた $\overbrace{10\times10\times\cdots\cdots\times10}^{n回}$ を 10^n と表す。10^{-1} は $\frac{1}{10}$ を表し，$\frac{1}{10}$ を n 回かけた $\left(\frac{1}{10}\right)^n$ を 10^{-n} と表す。

$$10^m\times10^n=10^{m+n}\quad 10^m\div10^n=10^{m-n}\quad (10^m)^n=10^{m\times n}\quad 10^0=1$$

① $a\times10^m\times b\times10^n=a\times b\times10^{m+n}$　（例）$2\times10^3\times3\times10^5=6\times10^8$

②指数どうしの足し算や引き算は，桁数をそろえてから行う。

（例）$1.00\times10^4+5.0\times10^2=1.00\times10^4+0.050\times10^4=1.05\times10^4$

2 測定値と有効数字

有効数字…測定で読み取った桁までの数値。

（例）$123\,\mathrm{g}=1.23\times10^2\,\mathrm{g}$　…有効数字 3 桁

$\underline{0}.1230\,\mathrm{g}=1.230\times10^{-1}\,\mathrm{g}$　…有効数字 4 桁

有効数字として数えない

有効数字の足し算・引き算…和や差を求めた後，末位を位の最も高い数値に合うように四捨五入する。

（例）$1.\underline{2}+3.4\underline{5}=4.6\not{5}=4.\underline{7}$

小数第 1 位　小数第 2 位　四捨五入して末位を小数第 1 位にする

有効数字の掛け算・割り算…桁数の最も少ない数字よりも 1 桁多く計算し，最も少ない桁数に合うように四捨五入する。

（例）$1.2\times3.45=4.1\not{4}=4.1$

2 桁　3 桁　3 桁目を四捨五入して 2 桁にする

$3.45\div1.2=2.8\not{7}5=2.9$

3 桁　2 桁　3 桁目を四捨五入して 2 桁にする

3 単位の取り扱い

2 章では，g，L，mol など，さまざまな単位を扱った計算を行う。このとき，単位に注目すると，計算の方針が立つことが多い。

（例）　質量 600 g，体積 300 cm^3 の物質の密度は何 g/cm^3 か。

密度の単位(g/cm^3)に注目すると，$\mathrm{g/cm^3}=\frac{\mathrm{g}}{\mathrm{cm^3}}$ である。したがって，

$$密度〔\mathrm{g/cm^3}〕=\frac{質量〔\mathrm{g}〕}{体積〔\mathrm{cm^3}〕}=\frac{600\,\mathrm{g}}{300\,\mathrm{cm^3}}=2.00\,\mathrm{g/cm^3}$$

4 単位の換算

数値と同様に，単位どうしをかけ合わせたり，割ったりできる。

（例）　密度 1.00 g/cm^3 の水 100 cm^3 の質量〔g〕

$1.00\,\mathrm{g}/\not{\mathrm{cm}^3}\times100\,\not{\mathrm{cm}^3}=1.00\times10^2\,\mathrm{g}$

5 いろいろな単位の関係

$$1\,\mathrm{L}=1000\,\mathrm{mL}\qquad 0.001\,\mathrm{kg}=1\,\mathrm{g}=1000\,\mathrm{mg}\qquad 1\,\mathrm{mL}=1\,\mathrm{cm^3}$$

足し算，引き算を行うとき，同じ単位どうしでしか計算できないため，単位を変換してそろえる必要がある。

（例）　1.6L ＋ 100 mL ＝×　▶　1.6L ＋ 0.100L ＝1.7L

ポイント！
有効数字の桁数を明らかにするため，$a\times10^n(1\leqq a<10)$ のように表すことが多い。

ポイント！
メスシリンダーなどの目盛りのある器具では，目盛りの 10 分の 1 まで読み取る。下の図からは，5.22 mL が得られる。

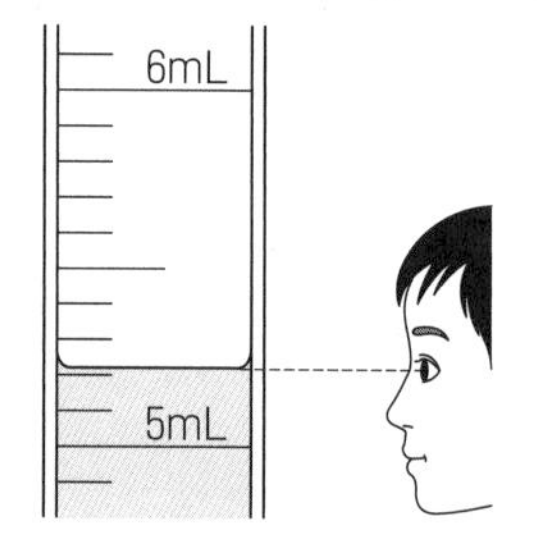

ポイント！
密度〔g/cm^3〕は体積 1 cm^3 あたりの質量〔g〕である。

ポイント！
mL の m は 10^{-3} を表している。

$100\,\mathrm{mL}=100\times\underline{10^{-3}}\,\mathrm{L}$（$10^{-3}$ の下に m）

$=0.100\,\mathrm{L}$

知識

65. 指数の計算　次の指数の計算をせよ。

(1) $10^2\times10^3$　(2) $2\times10^2\times3\times10^4$　(3) $10^3\times10^{-4}$　(4) $\dfrac{10^5}{10^2}$

(5) $\dfrac{10^5}{10^{-2}}$　(6) $\dfrac{10^{-5}}{10^{-2}}$　(7) $\dfrac{6\times10^5}{3\times10^2}$　(8) $\dfrac{3\times10^5}{5\times10^{-2}}$

知識

66. 指数と有効数字　次の数値を□$\times10^n$の形で表せ。ただし，有効数字は，(　　)内の桁数とする。

(1) 100000　(2桁)　(2) 0.05000　(3桁)　(3) 12300000　(3桁)　(4) 876540　(3桁)

(5) 96485　(2桁)　(6) 0.066666　(2桁)　(7) 0.0066666　(3桁)　(8) 0.05734　(2桁)

知識

67. 有効数字　次の測定値を有効数字に注意して計算せよ。

(1) $1.23+4.567$　(2) $2.78-2.4$　(3) $2.0+8.92$　(4) $8.4-2.22$

(5) 5.0×2.1　(6) $8.42\div2.0$　(7) 3.00×5.0　(8) $1.00\div3.0$

知識

68. 単位　次の各問いに答えよ。

(1) 密度1.1g/cm^{3}の物質30cm^{3}の質量は何gか。
(2) 密度5.0g/cm^{3}の物質がある。この物質15gの体積は何cm^{3}か。
(3) 体積30.0cm^3，質量45.0gの物質の密度は何g/cm^{3}か。
(4) 密度8.0g/cm^{3}の物質がある。この物質10cm^{3}の質量は何gか。

(1)
(2)
(3)
(4)

知識

69. 単位の換算　次の単位の換算をして，次の〔　　〕に入る適切な単位を答えよ。

(1) 時速〔km/h〕× 時間〔　ア　〕= 距離〔km〕
(2) 密度〔g/cm^3〕×体積〔cm^3〕=質量〔　イ　〕
(3) $\dfrac{質量〔g〕}{体積〔L〕}$=密度〔　ウ　〕

ア
イ
ウ

知識

70. 単位　次の(1)～(8)の(　　)に適当な数値を入れよ。

(1) 0.300L＝(　　　　)mL
(2) 224mL＝(　　　　)L
(3) 877mg＝(　　　　)g
(4) 500cm^3＝(　　　　)mL
(5) 2.2L＋800mL　＝(　　　　)L
(6) 0.300L＋200mL＝(　　　　)mL
(7) 1.50kg＋200g　＝(　　　　)kg
(8) 0.200kg＋300g　＝(　　　　)g

学習日：　　月　　日／学習時間：　　分

14 原子量・分子量・式量

学習のまとめ

1 原子の相対質量

原子の相対質量…質量数(ア　　　　)の炭素原子の質量を 12 とし，これを基準とした相対値。相対的な値であり単位はない。原子の相対質量は，その原子の(イ　　　　)とほぼ同じ値になる。

(例)　^{1}H の相対質量$=12\times\dfrac{^{1}\text{H の質量}}{^{12}\text{C の質量}}=12\times\dfrac{1.67\times10^{-24}\,\text{g}}{1.99\times10^{-23}\,\text{g}}=1.01$

ポイント!
原子は 1 つの質量がきわめて小さいため扱いにくい。そのため，質量の比である相対質量を用いて取り扱う。

2 元素の原子量

元素の原子量…各元素の(ウ　　　　)の天然存在比(%)から求めた相対質量の(エ　　　　)値。その元素の原子はすべてその平均値の質量をもつとみなせる。相対的な値であるので，(オ　　　　)はない。

ポイント!
Al や Na は天然に同位体が存在せず，原子の相対質量がそのまま原子量になる。

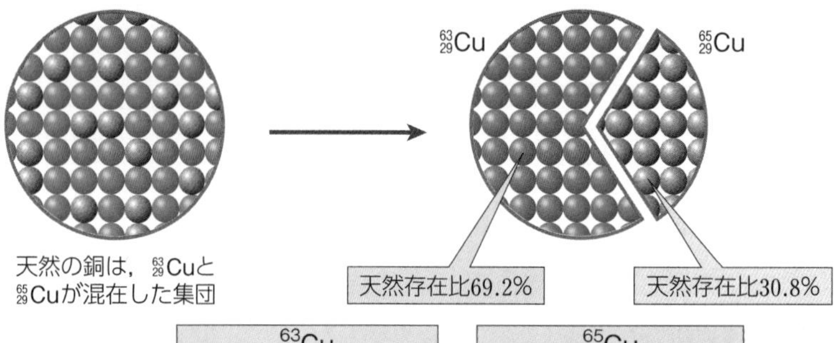

天然の銅は，$^{63}_{29}$Cuと$^{65}_{29}$Cuが混在した集団

	$^{63}_{29}$Cu			$^{65}_{29}$Cu		
銅の原子量 =	62.9 ×	$\dfrac{69.2}{100}$	+	64.9 ×	$\dfrac{30.8}{100}$	= 63.5
	相対質量	天然存在比		相対質量	天然存在比	

3 分子量

分子量…分子式にもとづく構成元素の原子量の総和。

(例)　CO_2 の分子量 ＝C の原子量 ＋O の原子量 ×2
＝12＋16×2＝(カ　　　　)

ポイント!
分子量や式量の基準も，原子量と同様に，質量数 12 の炭素原子である。

4 式量

式量…イオンやイオン結晶，金属結晶，共有結合の結晶など，分子ではない物質を構成している原子の原子量の総和。

イオンの式量…イオンの化学式にもとづく構成元素の(キ　　　　)の総和。電子の質量はきわめて(ク　　　　)ので，式量を計算するときは，無視することができる。

(例)　OH^-＝O の原子量＋H の原子量 ＝16＋1＝(ケ　　　　)

組成式の式量…組成式にもとづく構成元素の原子量の総和。

(例)　Al の式量 ＝Al の原子量 ＝27
NaCl の式量 ＝Na の原子量 ＋Cl の原子量 ＝23＋35.5＝58.5
$Mg(OH)_2$ の式量 ＝Mg の原子量 ＋(O の原子量 ＋H の原子量)×2
＝24＋(16＋1)×2＝(コ　　　　)

ポイント!
電子の質量は陽子や中性子の質量の約 $\dfrac{1}{1840}$ である。

ポイント!
結晶水を含む物質の式量は，結晶水の分子量の総和を加えて計算する(H_2O＝18)。
(例)　$\underset{160}{\underline{CuSO_4}}\cdot\overset{\text{結晶水}}{\underset{+5\times18=250}{\underline{5H_2O}}}$

原子量は右に示された値を用いること。

H＝1.0	He＝4.0	C＝12	Mg＝24
Al＝27	Fe＝56	Cu＝64	Zn＝65

知識

71. **相対質量**　(　　)に適当な数値を入れ，次の表を完成させよ。　まとめ-1

原子	炭素	アルミニウム	亜鉛
原子の質量〔g〕	2.0×10^{-23}	4.5×10^{-23}	1.1×10^{-22}
原子の相対質量	12	(ア)	(イ)

(ア)＿＿＿＿

(イ)＿＿＿＿

知識

72. **原子量と原子の質量**　原子量について，次の各問いに答えよ。　まとめ-1 2

(1)　アルミニウム原子の質量は，炭素原子の何倍か。小数第2位まで示せ。

(2)　ヘリウム原子の質量は炭素原子の何分の1か。分数で表せ。

(3)　ある元素の原子の集団の質量を調べると，その平均値は炭素原子 ^{12}C の質量の約5.3倍であった。この原子の原子量はおよそいくらか。整数値で答えよ。また，この原子は何か。次の(ア)～(エ)から選べ。

(ア)　Mg　　(イ)　Fe　　(ウ)　Cu　　(エ)　Zn

(1)＿＿＿＿

(2)＿＿＿＿

(3) 原子量＿＿＿＿

記号＿＿＿＿

知識

73. **原子量**　次の文章は，原子量について述べたものである。下線部の記述が正しければ○，誤りであれば×を記せ。　まとめ-1 2

(1)　原子の相対質量は，^{12}C を12とし，これを基準にした相対値である。

(2)　水素の原子量は1.0なので，水素原子1個の質量は1.0gである。

(3)　酸素原子 $^{16}_{8}O$ は，陽子の数が8個なので，相対質量はほぼ8である。

(4)　ナトリウムやアルミニウムのように天然に同位体が存在しない元素の場合は，原子の相対質量がそのまま原子量になる。

(1)＿＿＿＿

(2)＿＿＿＿

(3)＿＿＿＿

(4)＿＿＿＿

例題 1

同位体と原子量

リチウムの同位体には，^{6}Li と ^{7}Li があり，それぞれの相対質量は，6.0と7.0である。また，^{6}Li の天然存在比は7.6%，^{7}Li は92.4%である。リチウムの原子量を求めよ。

解説　^{6}Li と ^{7}Li の相対質量から，その天然存在比にもとづいて平均値を求めると，次のようになる。

$$6.0\times\frac{7.6}{100}+7.0\times\frac{92.4}{100}=6.92$$

解答　6.9

アドバイス
原子量は，各同位体の相対質量に天然存在比をかけたものを，合計して求める。

思考

74. **同位体と原子量**　炭素の同位体には，^{12}C と ^{13}C があり，それぞれの相対質量は12.0と13.0である。また，^{12}C の天然存在比は98.9%，^{13}C は1.10%である。炭素の原子量を求めよ。　まとめ-2

＿＿＿＿

知識

75. 分子量と式量　次の文中の(　　　)に，適当な語句または数値を入れよ。

まとめ 3 4

　分子量は，分子式にもとづく構成元素の(　ア　)の総和として求められる。例えば，水の分子量は，次のようになる。

　水の分子量 ＝H の原子量 ×2　＋　O の原子量

　　　　　　　＝(　イ　)× 2　＋　(　ウ　)　＝　(　エ　)

　また，イオンの式量や，組成式で表される物質の式量は，イオンの化学式や組成式にもとづく構成元素の(　オ　)の総和として求められる。イオンの場合，出入りする(　カ　)の質量はきわめて小さいので，無視できる。

(ア)

(イ)

(ウ)

(エ)

(オ)

(カ)

知識

76. 分子量　次の各分子の分子量を求めよ。

まとめ 3

(1)　窒素 N_2

(2)　ヘリウム He

(3)　アンモニア NH_3

(4)　メタン CH_4

(5)　塩化水素 HCl

(6)　硝酸 HNO_3

(7)　硫酸 H_2SO_4

(8)　グルコース $C_6H_{12}O_6$

(1)　(2)

(3)　(4)

(5)　(6)

(7)　(8)

知識

77. イオンの式量　次の各イオンの式量を求めよ。

まとめ 4

(1)　塩化物イオン Cl^-

(2)　水酸化物イオン OH^-

(3)　ナトリウムイオン Na^+

(4)　カルシウムイオン Ca^{2+}

(5)　アンモニウムイオン NH_4^+

(6)　炭酸イオン CO_3^{2-}

(1)　(2)

(3)　(4)

(5)　(6)

知識

78. 組成式の式量　次の組成式で表される物質の式量を求めよ。

まとめ 4

(1)　銅 Cu

(2)　黒鉛 C

(3)　水酸化ナトリウム NaOH

(4)　硝酸カリウム KNO_3

(5)　水酸化カルシウム $Ca(OH)_2$

(6)　硫酸アンモニウム $(NH_4)_2SO_4$

(7)　硫酸銅(Ⅱ)五水和物 $CuSO_4 \cdot 5H_2O$

(8)　炭酸ナトリウム十水和物 $Na_2CO_3 \cdot 10H_2O$

(1)　(2)

(3)　(4)

(5)　(6)

(7)　(8)

H=1.0	He=4.0	C=12	N=14	O=16	Na=23
S=32	Cl=35.5	K=39	Ca=40	Cu=64	

例題 2 元素の割合

二酸化炭素 CO_2 に含まれる炭素 C の質量の割合は何 % か。整数で答えよ。

解説 炭素 C の原子量は 12，酸素 O の原子量は 16 であるので，二酸化炭素 CO_2 の分子量は，$12+16\times2=44$ である。
CO_2 分子 1 個に含まれる C の数は 1 個なので，CO_2 中に含まれる C の質量の割合は，次のように求められる。

$$\text{Cの割合}=\frac{\text{Cの原子量}}{CO_2\text{の分子量}}\times100=\frac{12}{44}\times100=27.2$$

解答 27%

アドバイス 割合は，割合を求めたい元素の原子量を，分子量や式量で割って求められる。

思考

79. 元素の割合　次の各問いに整数で答えよ。

まとめ 3

(1) メタン CH_4 に含まれる炭素 C の質量の割合は何 % か。　(1) ＿＿＿＿

(2) 二酸化硫黄 SO_2 に含まれる硫黄 S の質量の割合は何 % か。　(2) ＿＿＿＿

例題 3 金属元素の原子量

ある金属元素 M と酸素 O の化合物 MO がある。この MO 中に M は質量の割合で 60% 含まれている。M の原子量はいくらか。

解説 M の原子量を x とおくと，MO の式量は，$x+16$ になる。
MO 中の M の質量の割合が 60% なので，次式が成り立つ。

$$\frac{\text{Mの原子量}}{\text{MOの式量}}=\frac{x}{x+16}=\frac{60}{100}\qquad x=24$$

解答 24

アドバイス O の原子量が 16 とわかっているので，M の原子量を x とおけば，全体の質量 MO の式量が求められる。

思考

80. 金属元素の原子量　ある金属元素 M と酸素 O の化合物 MO_2 がある。

まとめ 4

この MO_2 中に M は質量の割合で 60% 含まれている。M の原子量はいくらか。　＿＿＿＿

15 物質量

学習のまとめ

1 物質量と粒子の数

物質量…物質の構成粒子をひとまとまりとして扱う場合の量。

(ア　　　　　　)個の粒子の集団を **1 モル**(記号 **mol**)といい，mol を単位として示された量を(イ　　　　　　)という。

6.0×10^{23} 個
1mol

6.0×10^{23} 個 ×2
2mol

(ウ　　　　　　)**定数**…6.0×10^{23}/mol

$$物質量〔mol〕=\frac{粒子の数}{アボガドロ定数〔/mol〕}$$

2 物質量と質量

モル質量…物質 1mol あたりの質量。原子量・分子量・式量の数値に g/mol をつけて表される。

(例)　水 H_2O…分子量(エ　　　　)⟶ モル質量(オ　　　　　　)

(例)　36g の水 H_2O の物質量

$$物質量〔mol〕=\frac{物質の質量〔g〕}{モル質量〔g/mol〕}=\frac{36g}{18g/mol}=2.0mol$$

ポイント!
原子や分子など粒子 1 つ 1 つはきわめて小さく，取り扱いにくい。そこでひとまとまりの量 1mol を単位として扱う。

3 物質量と気体の体積

アボガドロの法則…同温，同圧，同体積において，気体は，その種類に関係なく，同数の分子を含んでいる。

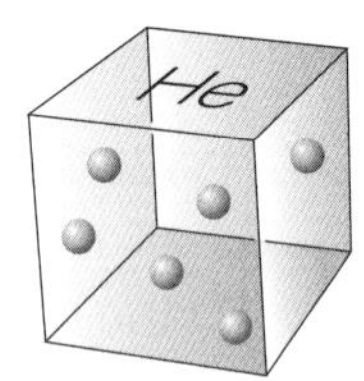

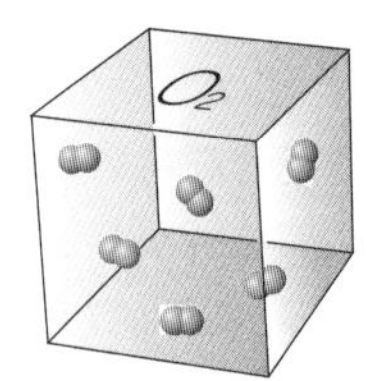

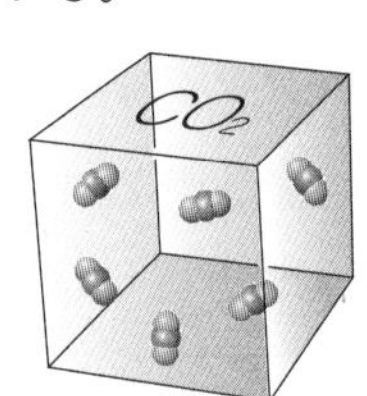

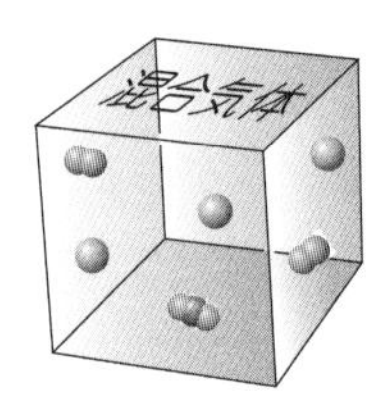

モル体積…物質 1mol あたりの体積。0℃，1.013×10^5Pa の状態におけるモル体積は，その種類に関係なく(カ　　　　)L/mol である。

(例)　0℃，1.013×10^5Pa で 44.8L の酸素 O_2 の物質量

$$物質量〔mol〕=\frac{気体の体積〔L〕}{モル体積〔L/mol〕}=\frac{44.8L}{22.4L/mol}=(キ\qquad)mol$$

ポイント!
混合気体の場合でも，成分気体の物質量の合計が 1mol であれば，0℃，1.013×10^5Pa における体積は 22.4L である。

空気の平均分子量…空気 1mol の質量から求められる。空気は窒素と酸素の体積比が 4：1 の混合気体とみなせるので，1mol の空気の質量は

窒素 $\frac{4}{4+1}$mol と酸素 $\frac{1}{4+1}$mol の質量の和と考えられる。

$$空気の平均分子量=28.0\times\frac{4}{4+1}+32.0\times\frac{1}{4+1}=(ク\qquad)$$

気体の密度…気体 1L あたりの質量。

(例)　二酸化炭素　$\frac{44g/mol}{22.4L/mol}=1.96g/L\fallingdotseq2.0g/L$

ポイント!
気体が重いか，軽いかは気体の密度で比べることができる。

H=1.0　O=16

→まとめ 1 2 3

📖知識

81. **物質量の定義**　次の文章の(　　　)に，適当な語句または数値を入れよ。

構成粒子が(　ア　)個集まった集団を1molという。物質1molの質量は(　イ　)とよばれ，原子の場合は原子量の数値にg/molの単位をつけて表す。分子の場合も同様に(　ウ　)にg/molの単位をつけ，金属なども(　エ　)にg/molの単位をつけて表す。また，気体1molの体積は(　オ　)とよばれ，0℃，1.013×10^5 Paの状態では，気体の種類に関係なく(　カ　)L/molになる。

(ア)＿＿＿＿
(イ)＿＿＿＿
(ウ)＿＿＿＿
(エ)＿＿＿＿
(オ)＿＿＿＿
(カ)＿＿＿＿

📖知識

82. **物質量**　次の文章の(　　　)に，適当な数値を入れよ。

→まとめ 1 2 3

1molは6.0×10^{23}個の粒子の集まりである。したがって，H_2Oの物質量と粒子の数の関係は次のようになる。

1mol…6.0×10^{23}個
2mol…$6.0\times10^{23}\times2$＝(　ア　)個
3mol…$6.0\times10^{23}\times$(　イ　)＝(　ウ　)個

H_2Oは分子量18なので，H_2Oの物質量と質量の関係は次のようになる。

1mol…18g
2mol…18g×2＝(　エ　)g
(　オ　)mol…18g×(　カ　)＝54g

気体は，同温・同圧において，その種類に関係なく同じ体積である。0℃，1.013×10^5 Paにおいて，物質量と気体の体積の関係は次のようになる。

1mol…22.4L
2mol…22.4L×2＝(　キ　)L
(　ク　)mol…22.4L×(　ケ　)＝67.2L

(ア)＿＿＿＿
(イ)＿＿＿＿
(ウ)＿＿＿＿
(エ)＿＿＿＿
(オ)＿＿＿＿
(カ)＿＿＿＿
(キ)＿＿＿＿
(ク)＿＿＿＿
(ケ)＿＿＿＿

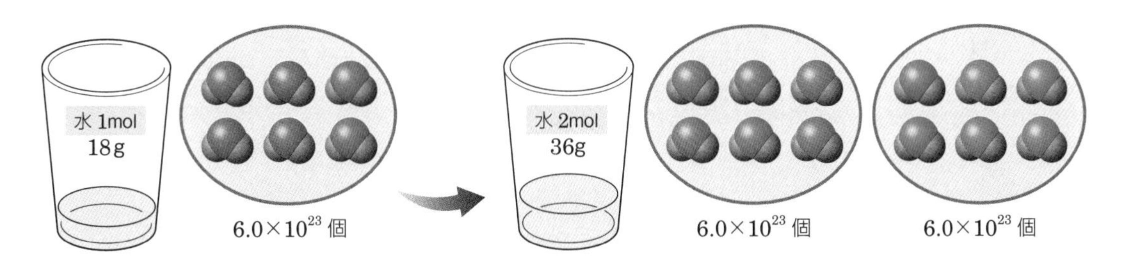

📖知識

83. **物質量と比例**　二酸化炭素CO_2(分子量44)について，表の空欄に，適当な数値を記せ。ただし体積は，0℃，1.013×10^5 Paにおけるものとし，有効数字3桁で答えよ。

→まとめ 1 2 3

物質量	分子数	質量	体積
1.0mol	6.0×10^{23}個	ア	22.4L
0.50mol	3.0×10^{23}個	イ	ウ
エ	1.2×10^{24}個	オ	44.8L
カ	キ	132g	ク

物質量

物質量のまとめ

物質量を用いることによって，物質の構成粒子の数，質量，気体の体積を互いに換算することができる。

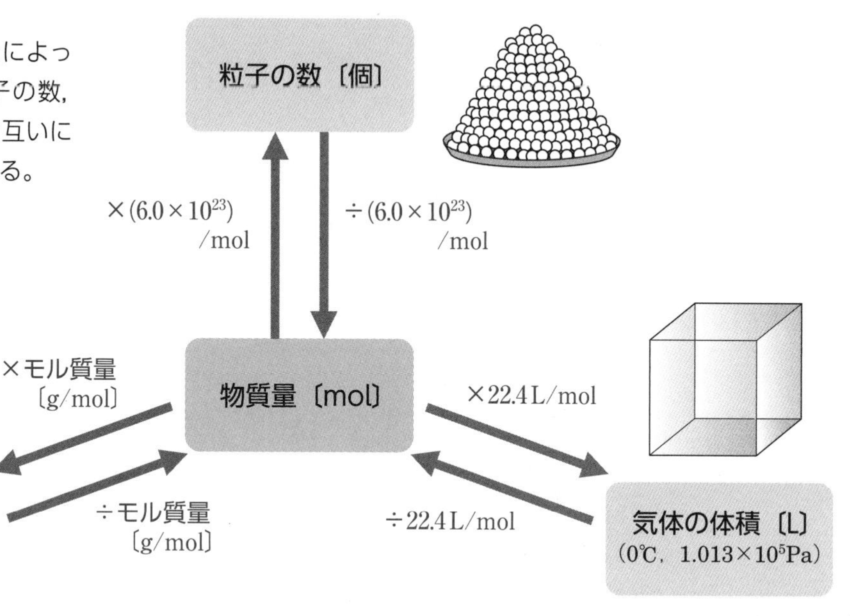

84. 物質量と粒子の数

知識

個 ↓ g — mol — L

導入問題 3.0×10^{23} 個の水素分子 H_2 は何 mol か。

解法 物質量〔mol〕＝ $\dfrac{粒子の数}{アボガドロ定数〔/mol〕}$

＝ $\dfrac{(^{ア}\quad)}{(^{イ}\quad)/mol}$ ＝(^{ウ}　　)mol

▶次の物質量を答えよ。

(1) 9.0×10^{23} 個の塩素分子 Cl_2

(2) 1.5×10^{23} 個のナトリウムイオン Na^+

(3) 3.0×10^{24} 個のアンモニア分子 NH_3

85. 物質量と粒子の数

知識

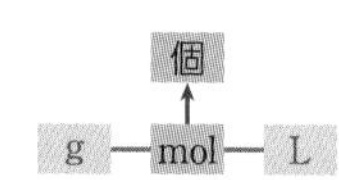

導入問題 2.0mol の酸素 O_2 に含まれる酸素分子 O_2 は何個か。

解法 粒子の数 = アボガドロ定数〔/mol〕× 物質量〔mol〕

＝(^{ア}　　)/mol×(^{イ}　　)mol

＝(^{ウ}　　)個

▶次の粒子の個数を答えよ。

(1) 3.0mol の酸素に含まれる酸素分子 O_2

(2) 0.50mol の窒素に含まれる窒素分子 N_2

(3) 0.20mol の水に含まれる水分子 H_2O

知識

86. 物質量と質量

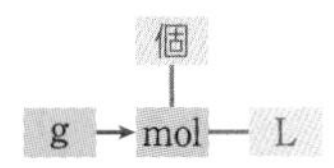

導入問題 48 g の酸素 O_2(分子量 32)は何 mol か。

解法 物質量〔mol〕＝ $\dfrac{質量〔g〕}{モル質量〔g/mol〕}$

＝ $\dfrac{(^{ア}\quad)\text{g}}{(^{イ}\quad)\text{g/mol}}$ ＝(ウ　　)mol

▶次の物質量を答えよ。

(1) 3.2 g のメタン CH_4(分子量 16)

(2) 4.4 g のプロパン C_3H_8(分子量 44)

(3) 117 g の塩化ナトリウム NaCl(式量 58.5)

知識

87. 物質量と質量

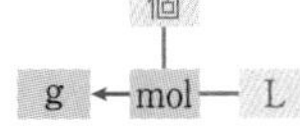

導入問題 5.0 mol の水素 H_2(分子量 2.0)は何 g か。

解法 質量〔g〕＝モル質量〔g/mol〕× 物質量〔mol〕

＝(ア　　)g/mol ×(イ　　)mol

＝(ウ　　)g

▶次の質量を答えよ。

(1) 3.0 mol の酸素分子 O_2(分子量 32)

(2) 2.0 mol のアンモニア分子 NH_3(分子量 17)

(3) 0.20 mol の塩化マグネシウム $MgCl_2$(式量 95)

知識

88. 物質量と気体の体積

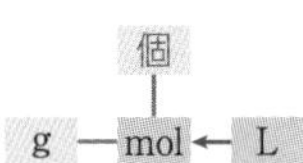

導入問題 44.8 L の酸素 O_2 は何 mol か。

解法 物質量〔mol〕＝ $\dfrac{気体の体積〔L〕}{モル体積〔L/mol〕}$

＝ $\dfrac{(^{ア}\quad)\text{L}}{(^{イ}\quad)\text{L/mol}}$ ＝(ウ　　)mol

▶次の物質量を答えよ。

(1) 6.72 L の水素 H_2

(2) 5.60 L の窒素 N_2

(3) 11.2 L の二酸化炭素 CO_2

知識

89. 物質量と気体の体積

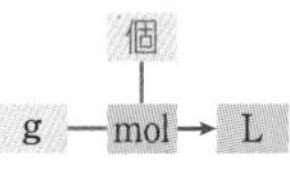

導入問題 3.00 mol の窒素 N_2 は何 L か。

解法 体積〔L〕＝モル体積〔L/mol〕× 物質量〔mol〕

＝(ア　　)L/mol ×(イ　　)mol

＝(ウ　　)L

▶次の気体の体積を答えよ。

(1) 0.400 mol の酸素 O_2

(2) 2.00 mol のメタン CH_4

(3) 1.50 mol の二酸化炭素 CO_2

知識

90. 質量と粒子の数

導入問題 36g の水分子 H_2O(分子量 18)は何個か。

解法 質量から物質量を求め，物質量から粒子の数を求める。

$$物質量〔mol〕=\frac{質量〔g〕}{モル質量〔g/mol〕}=\frac{(^{ア}\quad)g}{(^{イ}\quad)g/mol}=(^{ウ}\quad)mol$$

したがって，粒子の数 = アボガドロ定数〔/mol〕× 物質量〔mol〕から

粒子の数 =(エ　　)/mol×(オ　　)mol=(カ　　)

▶次の各問いに答えよ。

(1) 4.0g のメタン CH_4(分子量 16)中に含まれるメタン分子は何個か。　(1)＿＿＿＿

(2) 34g のアンモニア NH_3(分子量 17)中に含まれるアンモニア分子は何個か。　(2)＿＿＿＿

(3) 3.0×10^{23} 個のマグネシウム原子 Mg(式量 24)は何 g か。　(3)＿＿＿＿

知識

91. 質量と気体の体積

導入問題 4.0g のヘリウム He(分子量 4.0)は何 L か。

解法 質量から物質量を求め，物質量から気体の体積を求める。

$$物質量〔mol〕=\frac{質量〔g〕}{モル質量〔g/mol〕}=\frac{(^{ア}\quad)g}{(^{イ}\quad)g/mol}=(^{ウ}\quad)mol$$

したがって，気体の体積〔L〕= モル体積〔L/mol〕× 物質量〔mol〕から

気体の体積〔L〕=(エ　　)L/mol×(オ　　)mol=(カ　　)L

有効数字は(キ　　)桁になるので，ヘリウムは(ク　　)L となる。

▶次の各問いに答えよ。

(1) 4.0g の水素 H_2(分子量 2.0)は何 L か。　(1)＿＿＿＿

(2) 16g の酸素 O_2(分子量 32)は何 L か。　(2)＿＿＿＿

(3) 5.6L の二酸化炭素 CO_2 (分子量 44) は何 g か。　(3)＿＿＿＿

知識

92. 気体の体積と粒子の数

導入問題 33.6L の酸素 O_2 に含まれる酸素分子は何個か。

解法 気体の体積から物質量を求め，物質量から粒子の数を求める。

物質量〔mol〕＝ 気体の体積〔L〕／モル体積〔L/mol〕 ＝ (ア　　　　)L／(イ　　　　)L/mol ＝(ウ　　　　)mol

したがって，粒子の数 ＝ アボガドロ定数〔/mol〕× 物質量〔mol〕から

粒子の数 ＝(エ　　　　)/mol×(オ　　　　)mol＝(カ　　　　)

▶次の各問いに答えよ。

(1) 5.60L の酸素 O_2 に含まれる酸素分子は何個か。　(1)＿＿＿＿＿＿

(2) 11.2L の窒素 N_2 に含まれる窒素分子は何個か。　(2)＿＿＿＿＿＿

(3) 3.0×10^{23} 個のヘリウム He は何 L か。　(3)＿＿＿＿＿＿

知識

93. 物質量と粒子の数

導入問題 3.0mol の酸素分子 O_2 中に含まれる酸素原子 O は何 mol か。

解法 物質の構成粒子の物質量は，物質量に化学式中の粒子の数をかけて求めることができる。

1 個の酸素分子 O_2 中に，酸素原子 O は(ア　　　　)個含まれるため，

構成粒子の物質量〔mol〕＝ 物質量〔mol〕× 化学式中の粒子の数

＝(イ　　　　)mol×(ウ　　　　)＝(エ　　　　)mol

▶次の各問いに答えよ。

(1) 0.20mol のメタン分子 CH_4 に含まれる水素原子 H は何 mol か。　(1)＿＿＿＿＿＿

(2) 0.50mol の二酸化炭素 CO_2 に含まれる原子の総数は何個か。　(2)＿＿＿＿＿＿

(3) 11.1g の塩化カルシウム $CaCl_2$（式量 111）に含まれる塩化物イオン Cl^- は何個か。　(3)＿＿＿＿＿＿

知識

94. 物質量の大小

次のうち，最も物質量の大きいものはどれか。

(ア) 64g の酸素 O_2(分子量 32)

(イ) 9.0×10^{23} 個のネオン Ne

(ウ) 16g のヘリウム He(原子量 4.0)

(エ) 44.8L の酸素 O_2

＿＿＿＿＿＿

H=1.0　C=12　N=14
O=16　Cl=35.5

例題 1 気体の分子量

0℃，1.013×10^5Pa において，ある気体 5.60L の質量を測定したところ，4.25g であった。この気体の分子量を求めよ。

解説 0℃，1.013×10^5Pa では，気体 1mol の体積は 22.4L なので，

5.60L の気体の物質量は，$\frac{5.60\,\mathrm{L}}{22.4\,\mathrm{L/mol}}=0.250\,\mathrm{mol}$

この気体のモル質量を M〔g/mol〕とすると，

モル質量〔g/mol〕× 物質量〔mol〕＝ 質量〔g〕の関係から，

M〔g/mol〕×0.250mol=4.25g　　M=17.0g/mol

したがって，分子量は 17.0

解答 17.0

アドバイス
求めたいものを，M などの記号に置き換えて式を組み立てると，求めやすくなる。

思考

95. 気体の分子量 0℃，1.013×10^5Pa において，ある気体 11.2L の質量を測定したところ，22g であった。この気体の分子量を求めよ。　→まとめ 2 3

知識

96. 気体の平均分子量 水素 H_2 と酸素 O_2 を，2：1 の体積比で混合した混合気体がある。この混合気体の平均分子量を求めよ。　→まとめ 3

思考

97. 物質量の関係 次の気体(ア)～(オ)をそれぞれ 10g ずつ集めたとき，0℃，1.013×10^5Pa での体積が最も大きいものと，最も小さいものを選べ。　→まとめ 3

(ア) CO_2　(イ) CH_4　(ウ) Cl_2　(エ) O_2　(オ) NH_3

最も大きい

最も小さい

思考

98. 気体の体積と質量 0℃，1.013×10^5Pa において，窒素 N_2(分子量 28)の気体を捕集し，体積と質量の関係を調べると，右図の(イ)のような直線が得られた。分子量 56 の気体 X で，同様の実験を同温，同圧で行った場合，得られるグラフとして最も適当なものを，(ア)～(エ)から 1 つ選べ。　→まとめ 2 3

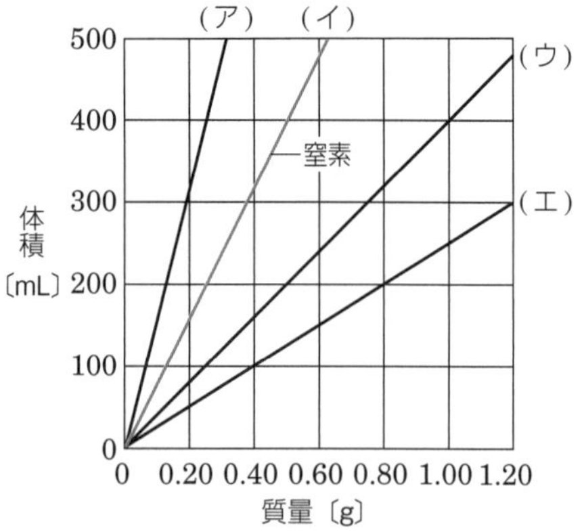

学習日：　　月　　日／学習時間：　　分

6 溶解と濃度

学習のまとめ

1 溶解

溶解…液体に他の物質が混合し，均一な液体になること。

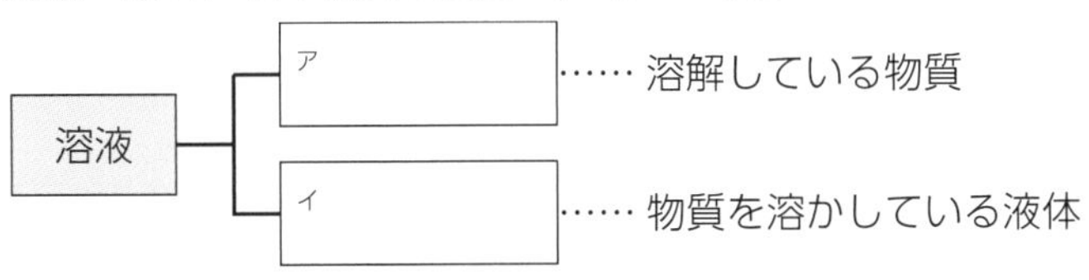

硫酸銅(Ⅱ)五水和物 $CuSO_4・5H_2O$ のような結晶水をもつ物質の，水への溶解では，結晶水は溶媒の一部になる。

ポイント!
溶液の溶媒が水の場合は特に**水溶液**という。

ポイント!
溶液の質量は，溶質の質量と溶媒の質量の和である。

2 質量パーセント濃度

質量パーセント濃度〔%〕…(ウ　　　　)の質量に対する溶質の質量の割合を，百分率〔%〕で表したもの。

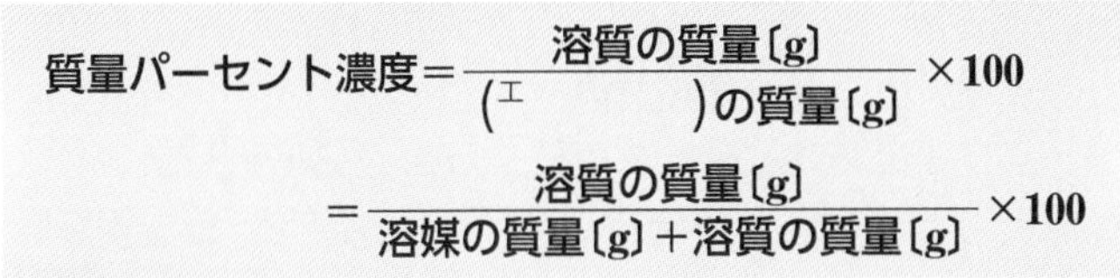

$$\text{質量パーセント濃度}=\frac{\text{溶質の質量〔g〕}}{(\text{エ}\qquad)\text{の質量〔g〕}}\times100$$

$$=\frac{\text{溶質の質量〔g〕}}{\text{溶媒の質量〔g〕}+\text{溶質の質量〔g〕}}\times100$$

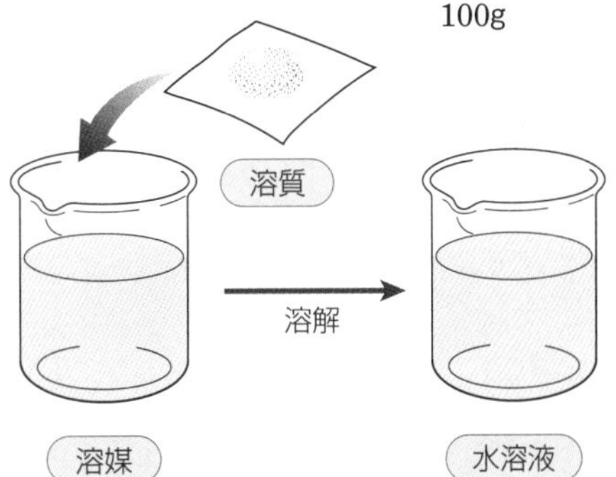

3 モル濃度

モル濃度〔mol/L〕…溶液1L中に含まれる溶質の量を，(オ　　　　)で表したもの。単位には**モル毎リットル(mol/L)**が用いられる。

$$\text{モル濃度〔mol/L〕}=\frac{\text{溶質の物質量〔mol〕}}{\text{溶液の体積〔L〕}}$$

溶質の物質量〔mol〕＝モル濃度〔mol/L〕×溶液の体積〔L〕

溶液の調製…実験に用いる濃度どおりに溶液をつくること。

0.10 mol/L の塩化ナトリウム水溶液 1 L の調製

①塩化ナトリウム 0.10 mol (＝カ　　　　　g) を正確に測り取る。

②①をビーカーに移し，0.2～0.4L の蒸留水を加えて，完全に溶かす。

③②の水溶液を1Lの(キ　　　　　　)に入れ，ビーカーを数回蒸留水で洗い，その洗液も(キ)に入れる。

④(キ)の(ク　　　　)まで蒸留水を加え，栓をしてよく振る。

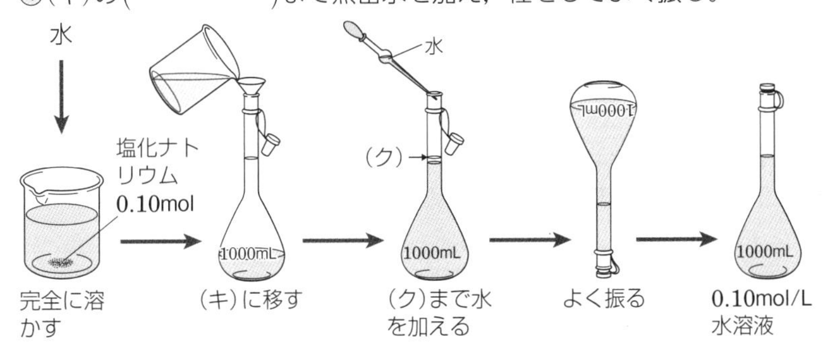

ポイント!
1L＝1000 mL

ポイント!
塩化ナトリウム NaCl の式量は 58.5

ポイント!
溶質の固体を直接メスフラスコに入れると，溶質が内壁に付着して，濃度が不正確になるため，ビーカーを用いて少量の水に溶かしてから入れる。

ポイント!
液面を標線に合わせるとき，目を標線の高さにそろえる。

知識

☑ 99. 質量パーセント濃度　次の各問いに答えよ。

まとめ 2

(1) 水 100g に塩化ナトリウム 25g を溶かした水溶液の質量パーセント濃度を求めよ。

(2) 300g 中に塩化ナトリウム 30g を含む水溶液の質量パーセント濃度を答えよ。

(3) 20% のスクロース水溶液 200g 中に溶解しているスクロースは何 g か。

(1) ______

(2) ______

(3) ______

知識

☑ 100. モル濃度

導入問題　4.0g の水酸化ナトリウム(式量 40)を水に溶かし，500mL にした水溶液は何 mol/L か。

解法　溶かした溶質の物質量を求め，物質量からモル濃度を計算する。

$$\text{物質量〔mol〕}=\frac{\text{質量〔g〕}}{\text{モル質量〔g/mol〕}}=\frac{(^{ア}\qquad)\text{g}}{(^{イ}\qquad)\text{g/mol}}=(^{ウ}\qquad)\text{mol}$$

500mL＝0.500L なので，モル濃度は次のように求められる。

$$\text{モル濃度〔mol/L〕}=\frac{\text{物質量〔mol〕}}{\text{水溶液の体積〔L〕}}=\frac{(^{エ}\qquad)\text{mol}}{(^{オ}\qquad)\text{L}}=(^{カ}\qquad)\text{mol/L}$$

▶次の水溶液のモル濃度を求めよ。

まとめ 3

(1) 45.0g のグルコース(分子量 180)を水に溶かした 1.0L の水溶液。

(2) 51g のアンモニア(分子量 17)を水に溶かした 500mL の水溶液。

(3) 68.4g のスクロース(分子量 342)を水に溶かした 500mL の水溶液。

(1) ______

(2) ______

(3) ______

知識

☑ 101. モル濃度

導入問題　0.50mol/L の水酸化ナトリウム水溶液 100mL に含まれる溶質の質量は何 g か。

解法　モル濃度から溶質の物質量を求め，物質量から質量を計算する。

溶質の物質量〔mol〕＝ モル濃度〔mol/L〕× 溶液の体積〔L〕

＝(ア　　　)mol/L×(イ　　　)L＝0.050mol

したがって，質量〔g〕＝ モル質量〔g/mol〕× 物質量〔mol〕

＝(ウ　　　)g/mol×(エ　　　)mol＝(オ　　　)g

▶次の溶液に含まれる溶質の物質量または質量を求めよ。

まとめ 3

(1) 0.50mol/L 塩酸 500mL 中に含まれる塩化水素 HCl は何 mol か。

(2) 1.0mol/L 希硫酸 500mL 中に含まれる硫酸(分子量 98)は何 g か。

(3) 0.20mol/L 酢酸水溶液 500mL 中に含まれる酢酸(分子量 60)は何 g か。

(1) ______

(2) ______

(3) ______

H=1.0　O=16　Na=23　Cl=35.5

例題 1 濃度の換算

質量パーセント濃度が 36.5% の濃塩酸(密度 1.20 g/cm³)のモル濃度を求めたい。次の各問いに答えよ。
(1) この濃塩酸 1L の質量は何 g か。
(2) この濃塩酸 1L 中に含まれる塩化水素 HCl(分子量 36.5)は何 g か。
(3) この濃塩酸のモル濃度は何 mol/L か。

解説 (1) 濃塩酸 1L(=1000 cm³)の質量は次のように求められる。

$$\text{質量〔g〕}=\text{密度〔g/cm}^3\text{〕}\times\text{体積〔cm}^3\text{〕}$$
$$=1.20\,\text{g/cm}^3\times1000\,\text{cm}^3=1.20\times10^3\,\text{g}$$

(2) 濃塩酸 1L(=1.20×10³ g)中に 36.5% の塩化水素が含まれるので，塩化水素の質量は，

$$\text{質量〔g〕}=\text{溶液の質量〔g〕}\times\frac{\text{質量パーセント濃度}}{100}$$
$$=1.20\times10^3\,\text{g}\times\frac{36.5}{100}=438\,\text{g}$$

(3) (2)の塩化水素の物質量は，$\text{HCl の物質量〔mol〕}=\dfrac{\text{HClの質量〔g〕}}{\text{モル質量〔g/mol〕}}=\dfrac{438\,\text{g}}{36.5\,\text{g/mol}}=12.0\,\text{mol}$

溶液 1L に 12.0 mol の塩化水素が含まれるので，モル濃度は 12.0 mol/L である。

アドバイス
モル濃度と質量パーセント濃度の換算を行うときには，溶液が 1L あるとすると考えやすい。

解答 (1) 1.20×10³ g　(2) 438 g　(3) 12.0 mol/L

思考

102. 濃度の換算　質量パーセント濃度が 49.0% の希硫酸(密度 1.40 g/cm³)のモル濃度を求めたい。次の各問いに答えよ。

→まとめ 2 3

(1) この希硫酸 1L の質量は何 g か。
(2) この希硫酸 1L 中に含まれる硫酸 H_2SO_4(分子量 98)は何 g か。
(3) この希硫酸のモル濃度は何 mol/L か。

(1) ______
(2) ______
(3) ______

思考

103. 溶液の調製　1.0 mol/L 水酸化ナトリウム NaOH 水溶液の調製方法として，適当なものを(ア)～(ウ)から 1 つ選び，記号で答えよ。

→まとめ 3

(ア) 40 g の水酸化ナトリウムを 960 mL の水に加えて溶かす。
(イ) 40 g の水酸化ナトリウムを 1.0 L の水に加えて溶かす。
(ウ) 40 g の水酸化ナトリウムを水に溶かして，1.0 L にする。

______

思考

104. 溶液の調製　次の①～④の手順で 1.0 mol/L の塩化ナトリウム水溶液を調製したところ，濃度が 1.0 mol/L より小さくなった。その原因となる，誤りを含む操作を，①～④から 1 つ選び，記号で答えよ。

→まとめ 3

①塩化ナトリウム NaCl 58.5 g を正確に測り取る。
②①の NaCl をビーカーに移し，約 200 mL の水を加え，完全に溶かす。
③②の水溶液を 1L のメスフラスコに入れ，ビーカーを数回蒸留水で洗い，その洗液もすべてメスフラスコに入れた。
④メスフラスコの標線の少し上まで水を入れて，ピペットで水を吸って標線に合わせた。

______

学習日：　　月　　日／学習時間：　　分

17 化学反応式

学習のまとめ

1 化学変化

ある物質の構成粒子の組み合わせが変わり，別の化学式で表される物質が生じる変化を(ア　　　　)変化，または化学反応という。(ア)変化において，反応する物質を(イ　　　　)，生成する物質を(ウ　　　　)という。

ポイント! C，H，O のみでできた有機化合物が完全燃焼する場合，二酸化炭素 CO_2 と水 H_2O が生成する。

2 化学反応式

化学反応式では，反応物の化学式を(エ　　)辺，生成物の化学式を(オ　　)辺に書いて両辺を ⟶ で結ぶ。反応の前後で，原子の種類や数は変化しないので，両辺の各元素の原子の数が等しくなるように，係数をつける。ただし，係数が「1」の場合は省略する。

ポイント! 反応の前後で変化しない溶媒や触媒は，化学反応式中に示さない。

反応を書き表す順序	(例)　メタンと酸素から二酸化炭素と水を生じる。
反応物の化学式を左辺，生成物の化学式を右辺に示し，矢印で結ぶ。	CH_4 ＋ O_2 ⟶ CO_2 ＋ H_2O メタン　酸素　二酸化炭素　水
▼	
両辺の炭素原子 C の数を等しくする。	$1CH_4$ ＋ O_2 ⟶ (カ　　)CO_2 ＋ H_2O メタンの係数を 1 とおくと，二酸化炭素の係数は(カ)になる。
▼	
両辺の水素原子 H の数を等しくする。	$1CH_4$ ＋ O_2 ⟶ (カ)CO_2 ＋ (キ　　)H_2O 水の係数を(キ)にする。
▼	
両辺の酸素原子 O の数を等しくする。	$1CH_4$ ＋(ク　　)O_2 ⟶ (カ)CO_2 ＋ (キ)H_2O 酸素の係数を(ク)にする。
▼	
係数「1」は省略する。	CH_4 ＋(ケ　　)O_2 ⟶ CO_2 ＋ (コ　　)H_2O

次の①式のように係数が分数となる場合には，係数の比を最も簡単な整数比になるように，全体を(サ　　)倍して，②式とする。

H_2 ＋ $\frac{1}{2}O_2$ ⟶ H_2O　　……①

(シ　　)H_2 ＋ O_2 ⟶ (ス　　)H_2O　　……②

ポイント! 最も多くの種類の元素が含まれる物質の係数を最初に 1 とおくと，係数を決めやすい。

3 イオン反応式

イオン反応式…イオンの化学式を用いた化学反応式。反応に関係したイオンだけに着目して，反応の前後で変化しないイオンは省略する。

(例)　硝酸銀 $AgNO_3$ 水溶液を塩化ナトリウム NaCl 水溶液に加えると，塩化銀 AgCl の沈殿が生じる。

$Ag^+ + Cl^-$ ⟶ AgCl

また，イオン反応式では，左辺の電荷の総和と右辺の電荷の総和が(セ　　　)しい。

(例)　$Cu + 2Ag^+$ ⟶ $Cu^{2+} + 2Ag$

電荷の総和　(ソ　　　)　(タ　　　)

ポイント! $Ag^+ + NO_3^- + Na^+ + Cl^-$ ⟶ $AgCl + Na^+ + NO_3^-$（NO_3^-，Na^+ は打ち消し線）
NO_3^- と Na^+ は反応の前後で変化しない。

思考

105. 状態変化と化学変化　次の(ア)～(オ)のうちから，化学反応式で表すことができるものを1つ選び，記号で答えよ。　→まとめ 1

(ア)　冷水を入れたコップの表面に水滴がつく。
(イ)　注射の前に，腕をエタノール C_2H_5OH で消毒すると，冷たく感じる。
(ウ)　黒鉛 C を燃やすと二酸化炭素 CO_2 が生じる。
(エ)　寒い日に，池の水が凍った。
(オ)　水でぬれた洗濯物が乾く。

知識

106. 化学反応式　→まとめ 2

導入問題　エタン C_2H_6 と酸素 O_2 から，二酸化炭素 CO_2 と水 H_2O を生じる変化を示す化学反応式を表したい。(　　)に係数を記せ。係数が1の場合は，1を記入せよ。

解法　①反応物の化学式を左辺，生成物の化学式を右辺に示し，矢印で結ぶ。

C_2H_6 ＋ 　　O_2 ⟶ 　　CO_2 ＋ 　　H_2O

②エタンの係数を1とおき，両辺の炭素原子 C の数を等しくする。

$1C_2H_6$ ＋ 　　O_2 ⟶ (ア　　)CO_2 ＋ 　　H_2O

③両辺の水素原子 H の数を等しくする。

$1C_2H_6$ ＋ 　　O_2 ⟶ (ア　　)CO_2 ＋ (イ　　)H_2O

④両辺の酸素原子 O の数を等しくする。

$1C_2H_6$ ＋ (ウ　　)O_2 ⟶ (ア　　)CO_2 ＋ (イ　　)H_2O

⑤係数に分数がある場合は，係数の比を最も簡単な整数比になるように，全体を(エ　　)倍する。係数「1」は省略して，化学反応式を表すと次のようになる。

(オ)

▶次の化学変化を示す化学反応式を表したい。下の各問いに答えよ。

(1)　アセチレン C_2H_2 と酸素 O_2 から，CO_2 と H_2O が生じる反応

①アセチレン C_2H_2 の係数を1とおいて化学反応式を示せ。

②係数が最も簡単な整数比になるように化学反応式を表せ。

(2)　アルミニウム Al と塩化水素 HCl から，塩化アルミニウム $AlCl_3$ と水素 H_2 が生じる反応

①塩化アルミニウム $AlCl_3$ の係数を1とおいて化学反応式を示せ。

②係数が最も簡単な整数比になるように化学反応式を表せ。

化学反応式

知識

☑ **107. 化学反応式の係数**　次の化学反応式の係数を記せ。係数が1の場合は，1を記入せよ。

(1)　(　　　)C＋(　　　)O_2 ⟶ (　　　)CO_2

(2)　(　　　)CO＋(　　　)O_2 ⟶ (　　　)CO_2

(3)　(　　　)HCl＋(　　　)NaOH ⟶ (　　　)NaCl＋(　　　)H_2O

(4)　(　　　)H_2SO_4＋(　　　)NaOH ⟶ (　　　)Na_2SO_4＋(　　　)H_2O

(5)　(　　　)H_2＋(　　　)Cl_2 ⟶ (　　　)HCl

知識

☑ **108. 化学反応式の係数**　次の化学反応式の係数を記せ。係数が1の場合は，1を記入せよ。

(1)　(　　　)H_2S＋(　　　)SO_2 ⟶ (　　　)H_2O＋(　　　)S

(2)　(　　　)MnO_2＋(　　　)HCl ⟶ (　　　)$MnCl_2$＋(　　　)H_2O＋(　　　)Cl_2

(3)　(　　　)NH_4Cl＋(　　　)$Ca(OH)_2$ ⟶ (　　　)$CaCl_2$＋(　　　)H_2O＋(　　　)NH_3

知識

☑ **109. 燃焼を表す化学反応式**　次の(1)～(4)の化合物が完全燃焼した場合，いずれも二酸化炭素と水が生成する。その化学変化を化学反応式で示せ。

(1)　エチレン C_2H_4

(2)　プロパン C_3H_8

(3)　メタノール CH_4O

(4)　エタノール C_2H_6O

知識

☑ **110. 化学反応式**　次の(1)～(5)の化学変化を化学反応式で示せ。

(1)　亜鉛 Zn を燃焼させると，酸化亜鉛 ZnO が生じる。

(2)　窒素 N_2 と水素 H_2 からアンモニア NH_3 が生じる。

(3)　アルミニウム Al を燃焼させると，酸化アルミニウム Al_2O_3 が生じる。

(4)　二酸化硫黄 SO_2 を酸素 O_2 で酸化すると，三酸化硫黄 SO_3 が生じる。

(5)　過酸化水素 H_2O_2 が分解して，水 H_2O と酸素 O_2 を生じる。

知識

111. 化学反応式　次の(1)~(7)の化学変化を化学反応式で示せ。

(1) 酸化銅(Ⅱ)CuO に水素 H_2 を通じながら加熱すると，銅 Cu と水 H_2O が生じる。

(2) マグネシウム Mg を塩酸 HCl に加えると，塩化マグネシウム $MgCl_2$ と水素 H_2 が生じる。

(3) ナトリウム Na を水 H_2O に加えると，水酸化ナトリウム $NaOH$ と水素 H_2 が生じる。

(4) 炭酸カルシウム $CaCO_3$ は塩化水素 HCl と反応して，塩化カルシウム $CaCl_2$ と水 H_2O と二酸化炭素 CO_2 を生じる。

(5) 炭酸水素ナトリウム $NaHCO_3$ が分解し，炭酸ナトリウム Na_2CO_3 と水 H_2O と二酸化炭素 CO_2 を生じる。

(6) 水酸化カルシウム $Ca(OH)_2$ 水溶液が二酸化炭素 CO_2 を吸収すると，炭酸カルシウム $CaCO_3$ と水 H_2O が生じる。

(7) 酸化鉄(Ⅲ)Fe_2O_3 と一酸化炭素 CO が反応し，鉄 Fe と二酸化炭素 CO_2 が生じる。

知識

112. イオン反応式の係数

導入問題　次のイオン反応式の係数を記せ。係数が 1 の場合は，1 を記入せよ。

(　　)Ag^+＋(　　)Cu ⟶ (　　)Ag＋(　　)Cu^{2+}

解法　両辺の原子の数は等しいが，電荷が等しくないため，次のようにイオン反応式を完成させる。先に電荷について考えてから原子の数をそろえるようにすると，係数を求めやすい。

①Cu^{2+} の係数を 1 とおき，左辺の電荷の総和と右辺の電荷の総和を等しくする。

(ア　　)Ag^+＋　Cu ⟶　Ag＋(1)Cu^{2+}

②両辺の原子の数を等しくする。

(ア　　)Ag^+＋(イ　　)Cu ⟶ (ウ　　)Ag＋(1)Cu^{2+}

▶次のイオン反応式の係数を記せ。係数が 1 の場合は，1 を記入せよ。

(1) (　　)Zn＋(　　)H^+ ⟶ (　　)Zn^{2+}＋(　　)H_2

(2) (　　)Ag^+＋(　　)Zn ⟶ (　　)Ag＋(　　)Zn^{2+}

(3) (　　)Al＋(　　)H^+ ⟶ (　　)Al^{3+}＋(　　)H_2

(4) (　　)Pb^{2+}＋(　　)Cl^- ⟶ (　　)$PbCl_2$

学習日：　　月　　日／学習時間：　　分

18 化学反応の量的関係

学習のまとめ

1 物質の量的関係

化学反応式の係数の比は，各物質の物質量の比を表す。

化学反応式	N_2	+	$3H_2$	⟶	$2NH_3$
物質量	1 mol		3 mol		(ア　　) mol
分子の数	$6.0\times10^{23}\times$(イ　　)個		$6.0\times10^{23}\times$ 3 個		$6.0\times10^{23}\times$(ウ　　)個
質量	$28\times$ 1 g		$2.0\times$(エ　　) g		$17\times$ 2 g
気体の体積 (0℃，1.013×10^5Pa)	$22.4\times$ 1 L		$22.4\times$(オ　　) L		$22.4\times$ 2 L

2 化学の基本法則

名称	内容(発見者)
(カ　　　　)の法則	化学反応において，反応物の質量の総和と，生成物の質量の総和は等しい。(ラボアジエ)
定比例の法則	同じ化合物を構成する成分元素の質量比は，常に一定である。(プルースト)
(キ　　　　)の法則	気体が反応したり，生成したりするとき，これらの気体の体積比は簡単な整数比になる。(ゲーリュサック)
アボガドロの法則	同温・同圧の気体は，その種類によらず，同体積中に同数の分子を含む。(アボガドロ)

例題 1 化学反応式が表す量的関係

一酸化炭素 CO の燃焼について，次の各問いに答えよ。

$$2CO + O_2 \longrightarrow 2CO_2$$

(1) 2.0 mol の一酸化炭素を完全燃焼させたとき，発生する二酸化炭素は何 mol か。

(2) 11.2L の一酸化炭素を燃焼させるのに必要な酸素は何 L か。ただし，気体は 0℃，1.013×10^5Pa の状態とする。

(3) 28 g の一酸化炭素を燃焼させると，何 g の二酸化炭素が発生するか。

解説 (1) 係数の比から，CO と CO_2 の物質量は等しいので，発生する CO_2 は 2.0mol である。

(2) 11.2L の CO の物質量は，$\dfrac{11.2\text{L}}{22.4\text{L/mol}} = 0.500\,\text{mol}$

0.500 mol の CO を燃焼させるのに必要な O_2 は，係数の比から，0.250 mol である。したがって，その体積は，22.4L/mol×0.250 mol＝5.60L

(3) 28g の CO(モル質量 28g/mol)の物質量は，$\dfrac{28\text{g}}{28\text{g/mol}} = 1.0\,\text{mol}$

係数の比から，1.0mol の CO から発生する CO_2(モル質量 44g/mol)は 1.0mol なので，その質量は，44g/mol×1.0mol＝44g

アドバイス
化学反応における量的関係は，化学反応式の係数から求められる。

解答 (1) 2.0mol (2) 5.60L (3) 44g

H=1.0　C=12　O=16

知識

113. メタンの燃焼　メタン CH_4 の完全燃焼について，次の各問いに答えよ。

まとめ 1

$$CH_4+2O_2 \longrightarrow CO_2+2H_2O$$

(1) 0.50mol のメタンを燃焼させたとき，発生する二酸化炭素は何 mol か。
(2) 0.60mol のメタンを燃焼させるのに，必要な酸素は何 mol か。
(3) 水 1.2mol を生成させるのに，必要なメタンは何 mol か。
(4) 水 0.80mol を生成させるのに，必要な酸素は何 mol か。

(1)
(2)
(3)
(4)

知識

114. プロパンの燃焼　プロパン C_3H_8 の完全燃焼について，(　　)に適当な数値を入れよ。

まとめ 1

$$C_3H_8+5O_2 \longrightarrow 3CO_2+4H_2O$$

プロパン 22g の燃焼を考える。プロパンのモル質量は(　ア　)g/mol なので，22g は(　イ　)mol である。化学反応式から，プロパン 1mol と酸素(　ウ　)mol が反応することがわかるので，この反応で消費される酸素は(　エ　)mol となり，その質量は(　オ　)g である。同様に，生成する二酸化炭素は(　カ　)mol で(　キ　)g，生成する水は(　ク　)mol で(　ケ　)g と求められる。

(ア)　(イ)
(ウ)　(エ)
(オ)　(カ)
(キ)　(ク)
(ケ)

知識

115. 化学反応式と物質量　次の(　　)に適当な数値を入れ，表を完成させよ。

まとめ 1

化学反応式	CH_4	+	$2O_2$	⟶	CO_2	+	$2H_2O$
物質量	1mol		2mol		(ア　)mol		(イ　)mol
分子の数	$6.0\times10^{23}\times1$ 個		$6.0\times10^{23}\times$(ウ　)個		$6.0\times10^{23}\times$(エ　)個		$6.0\times10^{23}\times$(オ　)個
質量	16×1g		(カ　)×2g		44×1g		(キ　)×2g
気体の体積 (0℃，1.013×10^5Pa)	22.4×1L		22.4×(ク　)L		22.4×1L		(液体)

思考

116. 二酸化窒素の生成　一酸化窒素 NO と酸素 O_2 から二酸化窒素 NO_2 が発生する反応について，次の各問いに答えよ。ただし，気体は 0℃，1.013×10^5Pa の状態とする。

まとめ 1

$$2NO+O_2 \longrightarrow 2NO_2$$

(1) 11.2L の一酸化窒素を反応させるのに必要な酸素は何 L か。

(2) 33.6L の二酸化窒素を発生させるのに必要な一酸化窒素は何 L か。

(3) 5.60L の二酸化窒素を発生させるのに必要な酸素は何 L か。

(1)
(2)
(3)

思考

☑ 117. エタノールの燃焼

エタノール C_2H_6O が完全燃焼して，二酸化炭素 CO_2 と水 H_2O が生成する反応について，次の各問いに答えよ。ただし，気体は0℃，1.013×10^5 Pa の状態とする。

まとめ-1

$$C_2H_6O+3O_2 \longrightarrow 2CO_2+3H_2O$$

(1) 4.6gのエタノールを燃焼させたとき，生成する水は何gか。

(2) 4.48Lの二酸化炭素を発生させるのに必要な酸素は何Lか。

(3) 23gのエタノールを燃焼させるのに必要な酸素は何Lか。

(4) 3.36Lの酸素が反応したとき，生成する水は何gか。

(1) ＿＿＿＿
(2) ＿＿＿＿
(3) ＿＿＿＿
(4) ＿＿＿＿

思考

☑ 118. 鉄と塩酸の反応

まとめ-1

導入問題 2.24gの鉄 Fe をすべて反応させるのに必要な 1.0mol/L 塩酸は何 mL か。

$$Fe+2HCl \longrightarrow FeCl_2+H_2$$

解法 Fe のモル質量は 56g/mol なので，Fe 2.24g の物質量は，

$$\frac{2.24\,g}{56\,g/mol}=(^{ア}\qquad)\,mol$$

反応式の係数の比から，Fe(ア　　　)mol と反応する HCl は(イ　　　)mol である。
よって，求める塩酸の体積を V[L]とすると，次式が成り立つ。

(イ　　　)mol＝1.0mol/L×V[L]　　V[L]＝(ウ　　　)L

よって，求める塩酸の体積は，(エ　　　)mL

▶1.68gの鉄 Fe をすべて反応させるのに必要な 2.0mol/L 塩酸は何 mL か。 ＿＿＿＿

思考

☑ 119. 亜鉛と硫酸の反応

亜鉛 Zn と硫酸 H_2SO_4 が反応すると，硫酸亜鉛 $ZnSO_4$ と水素 H_2 が生成する。この反応について，次の各問いに答えよ。

まとめ-1

(1) この変化を化学反応式で表せ。

＿＿＿＿＿＿＿＿

(2) 6.5gの亜鉛をすべて反応させるのに必要な 2.0mol/L 硫酸は何 mL か。

(3) (2)で発生する水素は何 L か。また，生成する硫酸亜鉛(モル質量 161g/mol)の質量は何gか。ただし，気体は0℃，1.013×10^5 Pa の状態とする。

(2) ＿＿＿＿
(3)水素 ＿＿＿＿
硫酸亜鉛 ＿＿＿＿

H=1.0	C=12	O=16	Na=23
S=32	Ca=40	Fe=56	Zn=65

思考

120. 不純物を含む物質の反応　炭酸カルシウム $CaCO_3$ を主成分とする石灰岩 1.25g に十分な量の希塩酸を加えると，0℃，1.013×10^5 Pa で 224mL の二酸化炭素が発生した。次の各問いに答えよ。

ただし，炭酸カルシウムは，希塩酸と次のように反応し，炭酸カルシウム以外は希塩酸とは反応しないものとする。

$$CaCO_3 + 2HCl \longrightarrow CaCl_2 + H_2O + CO_2$$

(1) 発生した二酸化炭素は何 mol か。

(2) 反応した炭酸カルシウムは何 mol か。また，その質量は何 g か。

(3) この石灰岩に含まれる炭酸カルシウムの質量の割合は何%か。

まとめ 1

(1) ______

(2) ______

質量 ______

(3) ______

思考

121. 気体の燃焼と量的関係　次の(ア)～(エ)について，下の各問いに答えよ。

(ア) 水素 H_2　(イ) メタン CH_4

(ウ) 一酸化炭素 CO　(エ) エチレン C_2H_4

(1) 各気体の完全燃焼を化学反応式で示せ。

(2) (ア)～(エ)の気体 1L を完全燃焼させたとき，最も多くの酸素を必要とするのはどれか。記号で答えよ。

まとめ 1

(1)(ア) ______ ⟶ ______

(イ) ______ ⟶ ______

(ウ) ______ ⟶ ______

(エ) ______ ⟶ ______

(2) ______

思考

122. 炭酸水素ナトリウムの熱分解　8.4g の炭酸水素ナトリウム $NaHCO_3$ をステンレス皿に測りとり，図のようにガスバーナーで加熱した。その後，ステンレス皿に残った固体の質量を測定すると，5.3g であった。

この実験に関する次の(ア)～(エ)のうち，誤りを含むものを 1 つ選び，記号で答えよ。

$$2NaHCO_3 \longrightarrow Na_2CO_3 + CO_2 + H_2O$$

(ア) $NaHCO_3$ はすべて反応した。

(イ) 16.8g の $NaHCO_3$ を加熱する場合，残る固体の質量は 10.6g になる。

(ウ) この実験で生じた H_2O は 0.90g，CO_2 は 2.2g である。

(エ) 加熱が不十分な場合，反応後の質量は 5.3g よりも軽くなる。

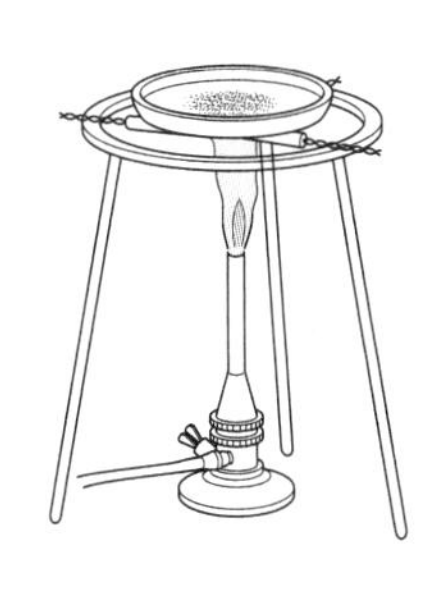

まとめ 1

______

思考
☑ 123. 過不足のある反応
まとめ-1

導入問題 1.0mol の亜鉛 Zn と，3.0mol の塩酸 HCl を反応させた。反応式は次のように表される。

$$Zn + 2HCl \longrightarrow ZnCl_2 + H_2$$

このとき，どちらが何 mol 残るか。

解法 Zn 1.0mol がすべて反応したと考えると，反応式の係数から，HCl は(ア　　　)mol 必要である。HCl は 3.0mol あるので，(イ　　　)mol は反応せずに残る。

化学反応式	Zn	+	2HCl	⟶	$ZnCl_2$	+	H_2
反応前	1.0mol		3.0mol		0mol		0mol
変化量	−1.0mol		−2.0mol		+1.0mol		+1.0mol
反応後	0mol		(ウ　　　)mol		(エ　　　)mol		(オ　　　)mol

一方で，HCl がすべて反応したと考えると，HCl 3.0mol と反応する Zn は(カ　　　)mol である。しかし，Zn は 1.0mol しかないため，不足しており，HCl がすべて反応することはない。

▶亜鉛 Zn と塩酸 HCl の反応について，次の各問いに答えよ。

$$Zn + 2HCl \longrightarrow ZnCl_2 + H_2$$

(1) Zn 2.0mol と HCl 5.0mol が反応するとき，どちらが何 mol 残るか。

(2) Zn 2.0mol と HCl 3.0mol が反応するとき，どちらが何 mol 残るか。

(1)＿＿＿＿＿＿＿＿

(2)＿＿＿＿＿＿＿＿

思考
☑ 124. 過不足のある反応
0.10mol の一酸化炭素 CO と 0.10mol の酸素 O_2 を反応させた。次の表の空欄をうめて表を完成させよ。
まとめ-1

化学反応式	2CO	+	O_2	⟶	$2CO_2$
反応前	0.10mol		0.10mol		0mol
変化量	(ア　　　)mol		(イ　　　)mol		(ウ　　　)mol
反応後	(エ　　　)mol		(オ　　　)mol		(カ　　　)mol

思考
☑ 125. 過不足のある反応
5.4g のアルミニウム Al と 1.0mol/L 塩酸 300mL を反応させたところ，塩化アルミニウム $AlCl_3$ と水素 H_2 を生じた。次の各問いに答えよ。ただし，気体は 0℃，1.013×10^5 Pa の状態とする。
まとめ-1

$$2Al + 6HCl \longrightarrow 2AlCl_3 + 3H_2$$

(1) 反応終了後，どちらが何 mol 残るか。

(2) この反応において，発生する水素は何 L か。

(1)＿＿＿＿＿＿＿＿

(2)＿＿＿＿＿＿＿＿

O=16　Mg=24　Al=27

例題 2　気体の発生量とグラフ

右のグラフは，ある量のマグネシウム Mg に，0.10 mol/L の塩酸を少しずつ加えたとき，発生する水素 H_2 の体積を表したものである。ただし，気体は 0℃，1.013×10^5 Pa の状態とする。

$$Mg + 2HCl \longrightarrow MgCl_2 + H_2$$

(1) 用いたマグネシウムは何 g か。

(2) 図の x の値はいくらか。

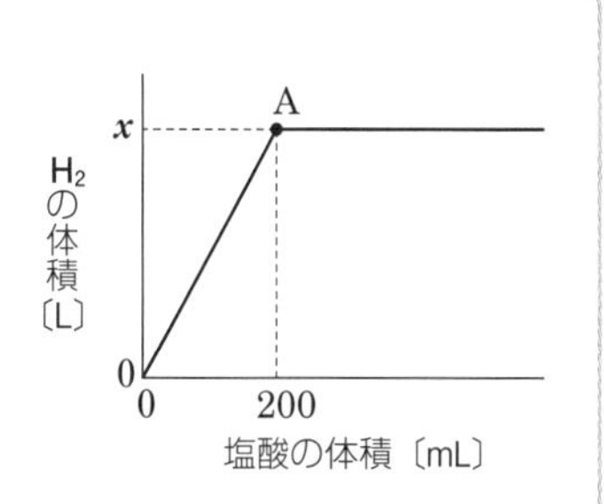

解説　(1) 点 A で，Mg と HCl が過不足なく反応している。
点 A までに加えた HCl の体積は 200 mL なので，その物質量は

$$0.10\,\text{mol/L} \times \frac{200}{1000}\,\text{L} = 0.020\,\text{mol}$$

反応式の係数の比から，0.020 mol の HCl と反応する Mg は 0.010 mol である。Mg のモル質量は 24 g/mol なので，その質量は，

$$24\,\text{g/mol} \times 0.010\,\text{mol} = 0.24\,\text{g}$$

(2) 係数の比から，Mg 0.010 mol が反応すると，H_2 は 0.010 mol 発生するため，その体積は，22.4 L/mol×0.010 mol＝0.224 L
有効数字は 2 桁なので，0.22 L

アドバイス
グラフから，200 mL 以上塩酸を加えても H_2 の体積が変わらないので，点 A で Mg と HCl が過不足なく反応したことがわかる。

解答　(1) 0.24 g　(2) 0.22 L

思考

126. 気体の発生量とグラフ

グラフは，ある量のマグネシウム Mg に，さまざまな体積の酸素 O_2 を反応させたとき，生成する酸化マグネシウム MgO の質量を表したものである。次の各問いに答えよ。ただし，気体は 0℃，1.013×10^5 Pa の状態とする。

$$2Mg + O_2 \longrightarrow 2MgO$$

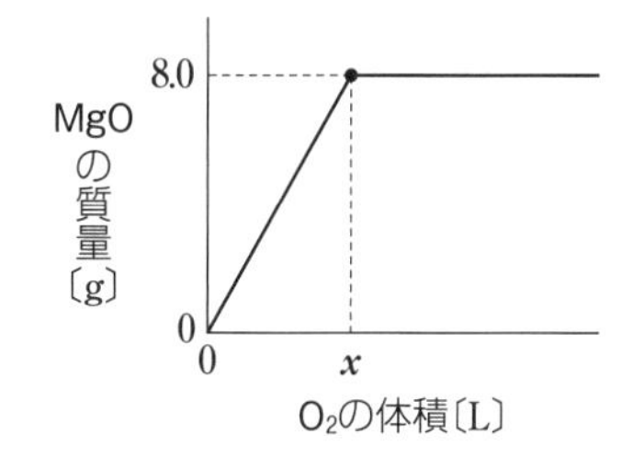

まとめ 1

(1) ＿＿＿＿

(2) ＿＿＿＿

(3) ＿＿＿＿

(1) 図の x の値はいくらか。

(2) 用いたマグネシウムは何 g か。

(3) マグネシウムの量を 2 倍にすると，グラフはどのようになるか。(ア)～(ウ)から 1 つ選び，記号で答えよ。破線はもとのグラフとする。

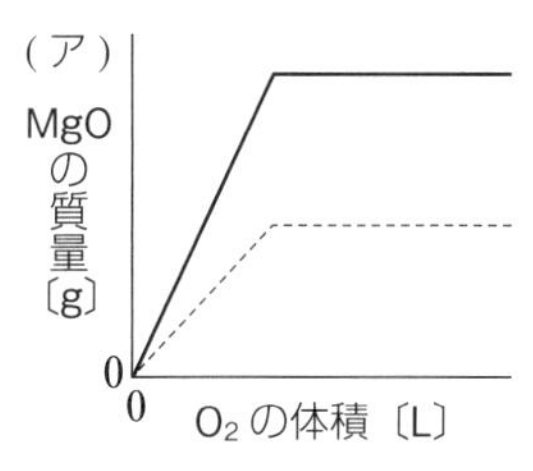

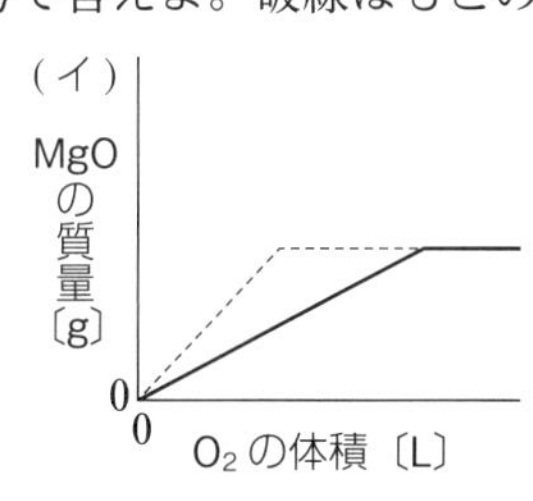

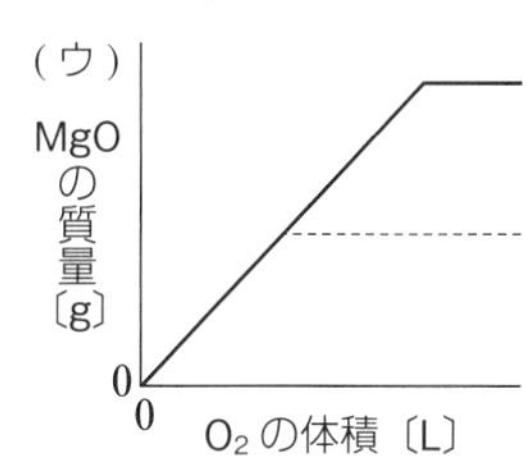

学習日：　　月　　日／学習時間：　　分

19 酸と塩基

学習のまとめ

1 酸

酸…水溶液中で，(ア　　　)イオン(化学式：H^+)を生じる物質。H^+ は，実際には水分子と結びつき，オキソニウムイオン(化学式：イ　　　)になっている。

酸の性質…青色リトマス紙を(ウ　　　)く変える。すっぱい味を示す。

(例)　塩化水素　$HCl \longrightarrow H^+ + Cl^-$

　　　酢酸　$CH_3COOH \rightleftarrows CH_3COO^- + H^+$

2 塩基

塩基…水溶液中で(エ　　　)イオン(化学式：オ　　　)を生じる物質。水に溶けやすいものを(カ　　　)という。

塩基の性質…赤色リトマス紙を(キ　　　)く変える。

(例)　水酸化ナトリウム　$NaOH \longrightarrow Na^+ +$ (ク　　　)

　　　アンモニア　$NH_3 + H_2O \rightleftarrows NH_4^+ +$ (ケ　　　)

3 ブレンステッド・ローリーによる酸・塩基の定義

酸…他の物質に水素イオン H^+ を(コ　　　)物質。

塩基…他の物質から水素イオン H^+ を(サ　　　)物質。

$$HCl + H_2O \longrightarrow Cl^- + H_3O^+$$

（H^+ が HCl から H_2O へ移る）酸　塩基

$$NH_3 + H_2O \rightleftarrows NH_4^+ + OH^-$$

（H^+ が H_2O から NH_3 へ移る）塩基　酸

4 酸・塩基の価数

酸の価数…酸の化学式に含まれる H のうち，水素イオン H^+ になることができるものの数。

塩基の価数…塩基の化学式に含まれる OH の数。

酸，塩基はその価数によって，1 価，2 価，3 価などに分類される。

ポイント！
1，2の酸・塩基の定義をアレーニウスの定義という。

ポイント！
$\rightleftarrows$ は，右向きと左向きの両方の反応がおこっていることを示している。

ポイント！
アンモニア NH_3 は，分子中に OH^- になることができる OH を含まないが，水と反応して 1 個の OH^- を生じるので，1 価の塩基に分類される。

覚えておきたい化学式　次の酸・塩基の化学式を答えよ。

1 価の酸
(1) 塩化水素　(　　　)
(2) 硝酸　(　　　)
(3) 酢酸　(　　　)

2 価の酸
(4) 硫酸　(　　　)
(5) 炭酸　(　　　)
(6) シュウ酸　(　　　)

3 価の酸
(7) リン酸　(　　　)

1 価の塩基
(8) 水酸化ナトリウム　(　　　)
(9) 水酸化カリウム　(　　　)
(10) アンモニア　(　　　)

2 価の塩基
(11) 水酸化マグネシウム　(　　　)
(12) 水酸化カルシウム　(　　　)
(13) 水酸化バリウム　(　　　)

3 価の塩基
(14) 水酸化アルミニウム　(　　　)

知識

127. 酸・塩基の定義 次の文中の(　　)には適当な語句を，[　　]には化学式を入れよ。

まとめ-1 2

塩化水素の水溶液(塩酸)や酢酸などの酸は，水溶液中で電離して(　ア　)イオンを生じる。このように，電離して H^+ を生じる物質を酸という。このとき，H^+ は，実際には，水分子と結合して(　イ　)イオンをつくっている。

一方，水酸化ナトリウムや水酸化カルシウムなどの塩基は，水溶液中で電離して(　ウ　)イオンを生じ，その水溶液は(　エ　)性を示す。アンモニア NH_3 は，化学式中に(　ウ　)イオンとなる OH を含まないが，次のような反応がおこり，水溶液は(　エ　)性を示す。

$$NH_3 + H_2O \rightleftarrows NH_4^+ + [\ オ\ ]$$

このように，水に溶けて(　ウ　)イオンを放出する物質を塩基という。

(ア)
(イ)
(ウ)
(エ)
(オ)

知識

128. ブレンステッド・ローリーによる酸・塩基の定義 次の文中の(　　)に適当な語句を入れよ。

まとめ-3

$$HCl + H_2O \longrightarrow Cl^- + H_3O^+ \quad (H^+ \text{ が } HCl \text{ から } H_2O \text{ へ})$$

ブレンステッドとローリーの定義によると，上の反応式のように塩化水素が水に溶けて電離するとき，塩化水素は水に水素イオンを(　ア　)ているので(　イ　)として働いている。一方，水は塩化水素から水素イオンを(　ウ　)ているので，(　エ　)として働いている

(ア)
(イ)
(ウ)
(エ)

思考

129. 酸・塩基の判別 次の(1)～(3)について，下線の物質が酸として働いているものには **A**，塩基として働いているものには **B** と記せ。

まとめ-3

(1) $CH_3COOH + \underline{H_2O} \rightleftarrows CH_3COO^- + H_3O^+$

(2) $NH_3 + \underline{H_2O} \rightleftarrows NH_4^+ + OH^-$

(3) $HCO_3^- + \underline{H_2O} \rightleftarrows H_2CO_3 + OH^-$

(1)
(2)
(3)

知識

130. 酸・塩基の電離 次の酸，塩基の水溶液中における電離を，それぞれ反応式で示せ。ただし，2 段階以上に電離するものは，全段階の電離をまとめた式を示せ。

まとめ-1 2

(1) 塩化水素 HCl　　$\longrightarrow$

(2) 炭酸 H_2CO_3　　$\rightleftarrows$

(3) 硫酸 H_2SO_4　　$\longrightarrow$

(4) リン酸 H_3PO_4　　$\rightleftarrows$

(5) 水酸化ナトリウム NaOH　　$\longrightarrow$

(6) 水酸化カルシウム $Ca(OH)_2$　　$\longrightarrow$

学習日：　　月　　日／学習時間：　　分

20 水素イオン濃度とpH

学習のまとめ

1 電離度と酸・塩基の強弱

酸や塩基の電離の割合は電離度(α)で表される。

$$電離度\ \alpha=\frac{電離した酸(塩基)の物質量}{溶かした酸(塩基)の物質量}\ (0<\alpha\leqq 1)$$

強酸(強塩基)…電離度が1に近い酸(塩基)

弱酸(弱塩基)…電離度が小さい酸(塩基)

1価の酸，塩基では，それぞれ次の関係が成り立つ。

水素イオン濃度$[H^+]$＝酸のモル濃度×電離度

水酸化物イオン濃度$[OH^-]$＝塩基のモル濃度×(ア　　　　)

ポイント！

強酸	HCl，HNO_3，H_2SO_4
弱酸	CH_3COOH，H_2CO_3
強塩基	NaOH，$Ca(OH)_2$
弱塩基	NH_3，$Al(OH)_3$

ポイント！

1価の酸，1価の塩基では，$[H^+]$，$[OH^-]$は，それぞれの水溶液のモル濃度と電離度の積で求められる。

2 水の電離と水素イオン濃度

水はわずかに電離している。　$H_2O \rightleftarrows$ (イ　　　　)＋(ウ　　　　)

また，25℃の純水中では$[H^+]=[OH^-]=1.0\times$(エ　　　　) mol/L

水素イオン濃度(25℃)

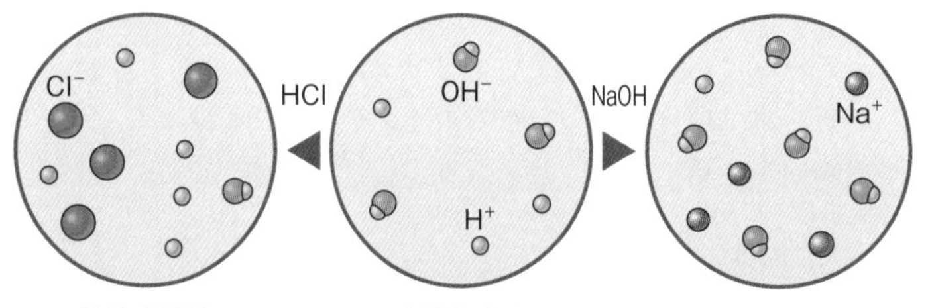

酸性水溶液	中性水溶液	塩基性水溶液
$[H^+]$(オ　　)$[OH^-]$	$[H^+]=[OH^-]$	$[H^+]<[OH^-]$
$[H^+]>10^{-7}$mol/L	$[H^+]=10^{-7}$mol/L	$[H^+]$(カ　　)10^{-7}mol/L
$[OH^-]$(キ　　)10^{-7}mol/L	$[OH^-]=10^{-7}$mol/L	$[OH^-]$(ク　　)10^{-7}mol/L

ポイント！

純水中だけでなく，酸性の水溶液でも，塩基性の水溶液でもH^+とOH^-の両方が同時に存在している。

3 水素イオン指数pH

酸性・塩基性の程度を表すには**水素イオン指数pH**が用いられる。

水素イオン指数　$[H^+]=1.0\times10^{-a}$〔mol/L〕のとき，pH＝(ケ　　　　)

ポイント！

酸性　pH<7

中性　pH=7

塩基性　pH>7

$[H^+]$	10^0	10^{-1}	10^{-2}	10^{-3}	10^{-4}	10^{-5}	10^{-6}	10^{-7}	10^{-8}	10^{-9}	10^{-10}	10^{-11}	10^{-12}	10^{-13}	10^{-14}	〔mol/L〕
pH	0	1	2	3	4	5	6	7	8	9	10	11	12	13	14	
$[OH^-]$	10^{-14}	10^{-13}	10^{-12}	10^{-11}	10^{-10}	10^{-9}	10^{-8}	10^{-7}	10^{-6}	10^{-5}	10^{-4}	10^{-3}	10^{-2}	10^{-1}	10^{-0}	〔mol/L〕

4 水のイオン積 発展

水溶液中の$[H^+]$と$[OH^-]$の積は温度が一定であれば，一定の値になる。この値を**水のイオン積**(記号K_w)という。

$[H^+][OH^-]=K_w=$(コ　　　　)$(mol/L)^2$ (25℃)

ポイント！

pHの測定には，万能pH試験紙やpHメーターを用いる。

5 酸・塩基の指示薬

酸・塩基の指示薬…水溶液のpHに応じて色調に特有の変化が見られる物質。それぞれの指示薬は，特有のpHの範囲で変色し，この範囲外ではほとんど変化しない。この変色する範囲を(サ　　　　)という。

ポイント！

代表的な指示薬

・フェノールフタレイン
(変色域：塩基性，無色→赤色)

・メチルオレンジ
(変色域：酸性，赤色→黄色)

知識

131. **酸・塩基の強弱**　次の文中の(　　　)に適当な語句を入れよ。　まとめ 1

酸の性質は(　ア　)イオンによるものであり，同じ濃度の酸で，電離度の大きい酸と小さい酸を比較すると，電離度の(　イ　)い酸の方が酸性が強い。

一般に，酸・塩基の強弱は，同じ濃度における(　ウ　)の大小によって比べることができ，塩化水素，硫酸のように，(　ウ　)が1に近い酸を(　エ　)，酢酸のように，(　ウ　)が小さい酸を(　オ　)という。また，水酸化ナトリウムのように，(　ウ　)が1に近い塩基を(　カ　)，アンモニアのように，(　ウ　)が小さい塩基を(　キ　)という。

(ア)＿＿＿＿
(イ)＿＿＿＿
(ウ)＿＿＿＿
(エ)＿＿＿＿
(オ)＿＿＿＿
(カ)＿＿＿＿
(キ)＿＿＿＿

知識

132. **酸・塩基の強弱**　次の酸・塩基を価数，強弱によって分類し，表中の空欄に化学式で記せ。　まとめ 1

塩化水素　硝酸　酢酸　硫酸　炭酸　シュウ酸
水酸化カリウム　水酸化ナトリウム　水酸化カルシウム　水酸化バリウム
アンモニア　水酸化銅(Ⅱ)　水酸化マグネシウム

	酸			塩基	
	強酸	弱酸		強塩基	弱塩基
1価			1価		
2価			2価		
3価		H_3PO_4	3価		$Al(OH)_3$

知識

133. **水素イオン濃度**　次の水素イオン濃度$[H^+]$を求めよ。　まとめ 1 2

(1)　0.10mol/L の塩酸(完全に電離)

(2)　0.10mol/L の酢酸水溶液(電離度 0.01)

(3)　0.010mol/L の硫酸水溶液(完全に電離)

(1)＿＿＿＿
(2)＿＿＿＿
(3)＿＿＿＿

知識

134. **水酸化物イオン濃度**　次の水酸化物イオン濃度$[OH^-]$を求めよ。　まとめ 1 2

(1)　0.10mol/L の水酸化ナトリウム水溶液(完全に電離)

(2)　0.010mol/L のアンモニア水(電離度 0.01)

(3)　0.010mol/L の水酸化カルシウム水溶液(完全に電離)

(1)＿＿＿＿
(2)＿＿＿＿
(3)＿＿＿＿

☑ **135.** 📖知識 **電離度**　次の(　　)に適当な式を入れよ。　まとめ 1 2

1価の弱酸である酢酸 CH_3COOH は，水に溶けるとその一部が電離し，水素イオン H^+ を生じる。酢酸の濃度が c〔mol/L〕，電離度 α のとき，(　ア　)〔mol/L〕の酢酸が電離し，(　イ　)〔mol/L〕の酢酸イオンと(　ウ　)〔mol/L〕の水素イオンが生じる。このように，1価の弱酸の場合，水素イオン濃度は酸の濃度 c〔mol/L〕と電離度 α の積の値 $c\alpha$〔mol/L〕となり，電離していない酢酸は(　エ　)〔mol/L〕となる。

	CH_3COOH	⟶	CH_3COO^-	＋	H^+
電離前	c〔mol/L〕		0 mol/L		0 mol/L
変化量	$-c\alpha$〔mol/L〕		$+c\alpha$〔mol/L〕		$+c\alpha$〔mol/L〕
電離後	(　オ　)〔mol/L〕		(　カ　)〔mol/L〕		(　キ　)〔mol/L〕

(ア)＿＿＿＿
(イ)＿＿＿＿
(ウ)＿＿＿＿
(エ)＿＿＿＿
(オ)＿＿＿＿
(カ)＿＿＿＿
(キ)＿＿＿＿

☑ **136.** 📖知識 **水素イオン濃度と pH**　次の各値を求めよ。ただし，(3)はp.60 学習のまとめの3の表を利用して求めよ。　まとめ 3 4

(1)　$[H^+]=1.0\times10^{-5}$ mol/L のときの pH
(2)　$[H^+]=1.0\times10^{-11}$ mol/L のときの pH
(3)　$[OH^-]=1.0\times10^{-5}$ mol/L のときの $[H^+]$
(4)　pH が 1 のときの $[H^+]$
(5)　pH が 13 のときの $[H^+]$

(1)＿＿＿＿
(2)＿＿＿＿
(3)＿＿＿＿
(4)＿＿＿＿
(5)＿＿＿＿

☑ **137.** 📖知識 **水溶液の pH**　次の水溶液の pH を求めよ。ただし，(4)～(6)はp.60 学習のまとめの3の表を利用して答えよ。　まとめ 1 2 3

(1)　0.10 mol/L の塩酸(完全に電離)

(2)　0.10 mol/L の酢酸水溶液(電離度 0.01)

(3)　0.050 mol/L の硫酸水溶液(完全に電離)

(4)　0.10 mol/L の水酸化ナトリウム水溶液(完全に電離)

(5)　0.010 mol/L のアンモニア水(電離度 0.01)

(6)　0.050 mol/L の水酸化バリウム水溶液(完全に電離)

(1)＿＿＿＿
(2)＿＿＿＿
(3)＿＿＿＿
(4)＿＿＿＿
(5)＿＿＿＿
(6)＿＿＿＿

思考

138. 希釈溶液の濃度

まとめ 1 2 3

導入問題 0.10 mol/L 塩酸 100 mL に水を加えて 1.0 L に希釈したときの水素イオン濃度を求めよ。

解法 希釈前の水溶液中に含まれる塩化水素 HCl の物質量を求めると，

物質量〔mol〕＝モル濃度〔mol/L〕× 水溶液の体積〔L〕

$$=0.10\,\text{mol/L}\times\frac{100}{1000}\,\text{L}=(^{ア}\qquad)\,\text{mol}$$

塩酸は 1 価の強酸なので，完全に電離しているとすると，この塩酸中に含まれる水素イオンの物質量も（イ　　　　）mol である。希釈後の水溶液の体積は 1.0 L であるため，水素イオン濃度 $[H^+]$ は，

$$[H^+]=\frac{\text{水素イオンの物質量〔mol〕}}{\text{水溶液の体積〔L〕}}=\frac{(^{イ}\qquad)\,\text{mol}}{(^{ウ}\qquad)\,\text{L}}=(^{エ}\qquad)\,\text{mol/L}$$

このように，酸の水溶液を水で 10 倍に希釈すると，水素イオン濃度 $[H^+]$ は（オ　　　）倍になる。

▶次の各値を求めよ。

(1) 0.10 mol/L の塩酸 10 mL に水を加えて 100 mL にした水溶液（完全に電離）の $[H^+]$。

(2) 0.010 mol/L の水酸化ナトリウム水溶液 10 mL に水を加えて 1000 mL にした水溶液（完全に電離）の $[OH^-]$。

(3) pH が 1 の塩酸を水で 100 倍に希釈した水溶液（完全に電離）の pH。

(4) pH が 13 の水酸化ナトリウム水溶液 10 mL に水を加えて 100 mL にした水溶液（完全に電離）の pH。

(1) ＿＿＿＿
(2) ＿＿＿＿
(3) ＿＿＿＿
(4) ＿＿＿＿

思考

139. 水溶液の pH

まとめ 2 3

次の(1)～(5)の記述について，下線部が正しければ○，誤りであれば × を記せ。

(1) 25℃ において，中性の水溶液の pH は 7 である。
(2) 水に塩基を加えると，$[H^+]$ は大きくなる。
(3) $[H^+]$ が 1.0×10^{-5} mol/L の水溶液を水で 1000 倍にうすめると，$[H^+]$ は，1.0×10^{-8} mol/L になる。
(4) 水は中性なので，H^+ は存在しない。
(5) $[H^+]=0.010$ mol/L の水溶液の pH は 2 である。

(1) ＿＿＿＿
(2) ＿＿＿＿
(3) ＿＿＿＿
(4) ＿＿＿＿
(5) ＿＿＿＿

知識

140. pH と指示薬

それぞれの指示薬が示す色を表に記入せよ。

指示薬	変色域	酸性(pH2)	中性(pH7)	塩基性(pH10)
メチルオレンジ	3.1～4.4	赤	黄	ア
メチルレッド	4.2～6.2	赤	イ	黄
ブロモチモールブルー(BTB)	6.0～7.6	黄	緑	ウ
フェノールフタレイン	8.0～9.8	エ	無	オ

21 中和と塩・中和の量的関係

学習日：　　月　　日／学習時間：　　分

学習のまとめ

1 中和

中和…(ア　　　)と(イ　　　)が互いの性質を打ち消す変化。一般に，水溶液中における中和では，(ア)から生じる(ウ　　　)イオンと(イ)から生じる水酸化物イオンが反応して(エ　　　)を生じる。

H^+＋(オ　　　) ⟶ H_2O

2 塩の生成

酸の水溶液と塩基の水溶液が中和するとき，水と共に(カ　　　)が生じる。塩は，酸から生じる陰イオンと，塩基から生じる(キ　　　)イオンから生じる物質である。

(例)　$HCl + NaOH \longrightarrow NaCl + H_2O$

酸 ＋ 塩基 ⟶ (ク　　　)＋ 水

塩には，塩化アンモニウムのように，水の生成を伴わずに生じるものもある。　(例)　$HCl + NH_3 \longrightarrow$ (ケ　　　)

3 塩の分類と水溶液の性質

塩の分類

(コ　　　)……化学式中にもとの酸の H が残っている塩。
(サ　　　)…化学式中にもとの塩基の OH が残っている塩。
(シ　　　)………酸の H も塩基の OH も残っていない塩。

塩の水溶液の性質

正塩の水溶液が酸性･中性･塩基性のいずれを示すかは，その塩をつくった酸と塩基の強弱によって決まる。

ポイント!
塩の水溶液の性質(酸性・中性・塩基性)は，塩の分類(正塩・酸性塩・塩基性塩)に関係しない。
(例)　$NaHSO_4$，$NaHCO_3$ は酸性塩だが，水溶液はそれぞれ酸性，塩基性を示す。

	塩をつくった酸・塩基		正塩	水溶液の性質
強酸 ＋ 強塩基	(ス　　　)	NaOH	Na_2SO_4	中性
強酸 ＋ 弱塩基	H_2SO_4	(セ　　　)	$(NH_4)_2SO_4$	(ソ　　　)
弱酸 ＋ 強塩基	H_2CO_3	(タ　　　)	Na_2CO_3	(チ　　　)

4 中和の量的関係

酸から生じる水素イオンの物質量と，塩基から生じる水酸化物イオンの物質量が等しいときには，酸と塩基が過不足なく中和する。

酸から生じる(ツ　　　)の物質量 ＝ 塩基から生じる OH^- の物質量
(酸の価数 × 酸の物質量)　(塩基の価数 × 塩基の物質量)

ポイント!
中和の量的関係は，酸・塩基の強弱に関係なく成り立つ。

中和の関係式…a 価で c〔mol/L〕の酸 V〔L〕と，b 価で c'〔mol/L〕の塩基 V'〔L〕が過不足なく中和したとき，次式が成り立つ。

$$\underset{\text{価数}}{a} \times \underset{\text{濃度}}{c\,[\text{mol/L}]} \times \underset{\text{体積}}{V\,[\text{L}]} = \underset{\text{価数}}{b} \times \underset{\text{濃度}}{c'\,[\text{mol/L}]} \times \underset{\text{体積}}{V'\,[\text{L}]}$$

H=1.0	O=16	Na=23	Al=27
P=31	S=32	Cl=35.5	Ca=40

知識

141. 中和 次の酸と塩基が中和するときの変化を化学反応式で示せ。ただし，中和は完全に進むものとする。 まとめ-1

(1) HCl と NaOH

(2) HCl と KOH

(3) H_2SO_4 と NaOH

(4) CH_3COOH と NaOH

(5) H_2SO_4 と $Ca(OH)_2$

知識

142. 塩の生成 次の塩のもとになった酸・塩基の化学式を答えよ。 まとめ-2

塩	もとになった酸	もとになった塩基
NaCl	ア	イ
NH_4Cl	ウ	エ
CH_3COONH_4	オ	カ
$Ca(NO_3)_2$	キ	ク
$NaHSO_4$	ケ	コ

知識

143. 塩の分類 次の塩は，それぞれ正塩，酸性塩，塩基性塩のどれか。 まとめ-3

(1) KCl　(2) $NaHCO_3$
(3) $MgCl(OH)$　(4) CH_3COONa
(5) NH_4Cl　(6) $NaHSO_4$

(1)　(2)
(3)　(4)
(5)　(6)

知識

144. 塩の水溶液の性質 次の塩の水溶液は何性を示すか。酸性，中性，塩基性の語を記入せよ。 まとめ-3

(1) NaCl　(2) Na_2CO_3
(3) $CaCl_2$　(4) CH_3COONa
(5) NH_4Cl　(6) KNO_3

(1)　(2)
(3)　(4)
(5)　(6)

思考

145. 中和の量的関係 次の酸・塩基から 1mol の H^+ または OH^- を生じるためには，それぞれが何 g 必要か。整数で答えよ。 まとめ-4

酸　：(1) HCl　(2) H_2SO_4　(3) H_3PO_4
塩基：(4) NaOH　(5) $Ca(OH)_2$　(6) $Al(OH)_3$

(1)　(2)
(3)　(4)
(5)　(6)

思考

146. 中和の量的関係　次の各問いに答えよ。

まとめ-4

(1)　1 mol の HCl を中和するのに必要な NaOH は何 mol か。　(1) ＿＿＿＿

(2)　1 mol の HCl を中和するのに必要な $Ba(OH)_2$ は何 mol か。　(2) ＿＿＿＿

(3)　3 mol の $Ca(OH)_2$ を中和するのに必要な H_3PO_4 は何 mol か。　(3) ＿＿＿＿

(4)　m 価の酸 n〔mol〕と m' 価の塩基 n'〔mol〕が過不足なく中和するとき，これらの間に成り立つ関係式を示せ。　(4) ＿＿＿＿

(5)　0.20 mol の H_2SO_4 を中和するのに必要な NaOH は何 g か　(5) ＿＿＿＿

思考

147. 中和の関係式

まとめ-4

導入問題　0.10 mol/L の塩酸 10 mL を中和するのに必要な 0.10 mol/L 水酸化ナトリウム NaOH 水溶液は何 mL か。

解法　塩化水素 HCl は(ア　　)価の酸，水酸化ナトリウムは(イ　　)価の塩基なので，必要な水酸化ナトリウム水溶液を V〔L〕とおくと，中和の関係式から，

(ウ　　)×(エ　　)mol/L×$\frac{(オ\quad)}{1000}$ L＝(カ　　)×(キ　　)mol/L×V〔L〕

酸の価数　濃度　体積　塩基の価数　濃度　体積

V＝(ク　　)L　　したがって (ケ　　)mL である。

▶次の各問いに答えよ。

(1)　0.20 mol/L の塩酸 10 mL を中和するのに必要な 0.10 mol/L 水酸化ナトリウム NaOH 水溶液は何 mL か。　(1) ＿＿＿＿

(2)　0.20 mol/L の硫酸水溶液 H_2SO_4 10 mL を中和するのに必要な 0.10 mol/L 水酸化ナトリウム NaOH 水溶液は何 mL か。　(2) ＿＿＿＿

(3)　0.100 mol/L の硫酸水溶液 H_2SO_4 10 mL を中和するのに必要な 0.0100 mol/L 水酸化カルシウム $Ca(OH)_2$ 水溶液は何 mL か。　(3) ＿＿＿＿

22 中和滴定と pH の変化

学習日：　　月　　日／学習時間：　　分

学習のまとめ

1 中和滴定の操作

中和滴定…中和の量的関係を利用して，濃度不明の酸(または塩基)の水溶液の濃度を求める操作。このとき用いる濃度が正確にわかった酸・塩基の水溶液を(ア　　　　)溶液という。

実験器具

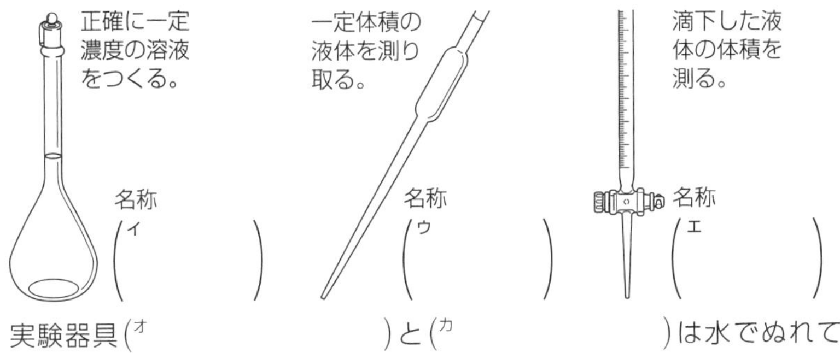

実験器具(オ　　　　　　　　)と(カ　　　　　　　　)は水でぬれていた場合，使用する水溶液で数回洗ったのちに用いる。この操作を(キ　　　　　)という。水にぬれたまま使用すると，水溶液と水が混じることで水溶液の濃度が薄くなり，正確な濃度を求めることができなくなる。

ポイント！
メスフラスコは純水でぬれたものをそのまま用いてもよい。

ポイント！
弱酸と強塩基，強酸と弱塩基の中和では，中和点の pH が 7 にはならない。

2 中和滴定曲線

中和滴定曲線…中和滴定において，加えた酸や塩基の水溶液の体積と，混合水溶液の pH との関係を表す曲線。

強酸と強塩基

$HCl + NaOH \longrightarrow NaCl + H_2O$

pH
12
10
8
6
4
2
0
フェノールフタレインの変色域
強酸と強塩基の中和点
メチルオレンジの変色域
0　5　10　15
NaOH 水溶液の滴下量 ⟶

適切な指示薬
フェノールフタレイン
メチルオレンジ

弱酸と強塩基

$CH_3COOH + NaOH \longrightarrow CH_3COONa + H_2O$

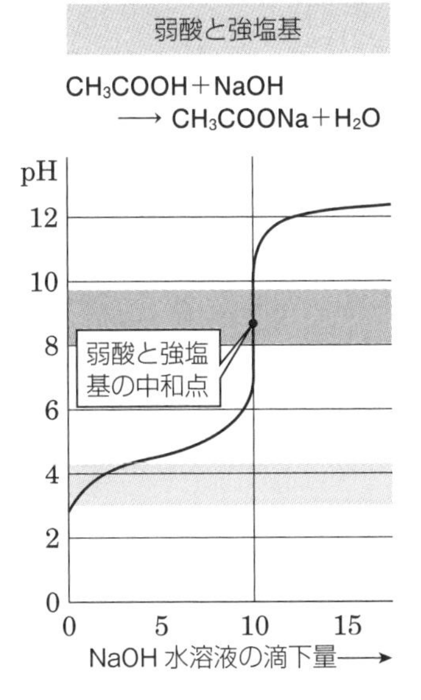

適切な指示薬
(ク　　　　　　　　)

弱塩基と強酸

$NH_3 + HCl \longrightarrow NH_4Cl$

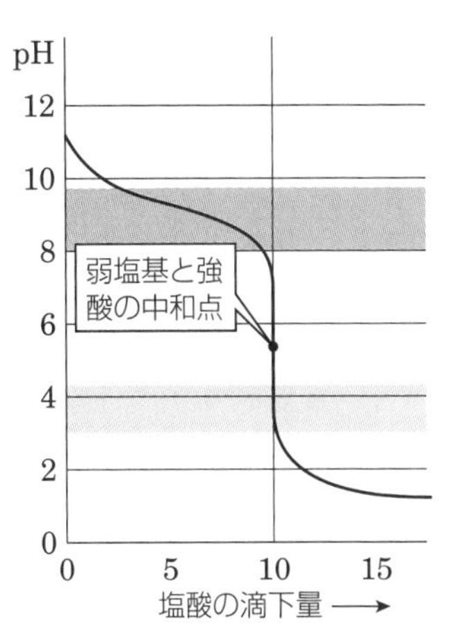

適切な指示薬
(ケ　　　　　　　　)

例題 1

中和滴定

濃度不明の硫酸水溶液 10mL を 0.10mol/L の水酸化ナトリウム水溶液で中和滴定したところ，15mL でちょうど中和した。硫酸水溶液のモル濃度は何 mol/L か。

解説 ちょうど中和したとき，H^+ の物質量 ＝OH^- の物質量なので，硫酸水溶液のモル濃度を x〔mol/L〕とおくと，中和の関係式から次式が成り立つ。

$$2\times x〔\mathrm{mol/L}〕\times\frac{10}{1000}\,\mathrm{L}=1\times0.10\,\mathrm{mol/L}\times\frac{15}{1000}\,\mathrm{L}\qquad x=0.075\,\mathrm{mol/L}$$

解答 0.075mol/L

アドバイス
H^+ の物質量，OH^- の物質量ともに**価数×濃度×体積**で求められる。

思考

148. 中和滴定 次の各問いに答えよ。 まとめ-1

(1) 0.10mol/L の塩酸 10mL を中和するのに，濃度不明の水酸化ナトリウム水溶液 5.0mL が必要であった。この水酸化ナトリウム水溶液のモル濃度を求めよ。

(2) 濃度不明のアンモニア水 10mL を中和するのに，0.20mol/L 硫酸水溶液が 15mL 必要であった。このアンモニア水のモル濃度を求めよ。

(1)＿＿＿＿
(2)＿＿＿＿

知識

149. 中和滴定の器具 中和滴定に用いる器具(a)～(d)について，次の問いに答えよ。 まとめ-1

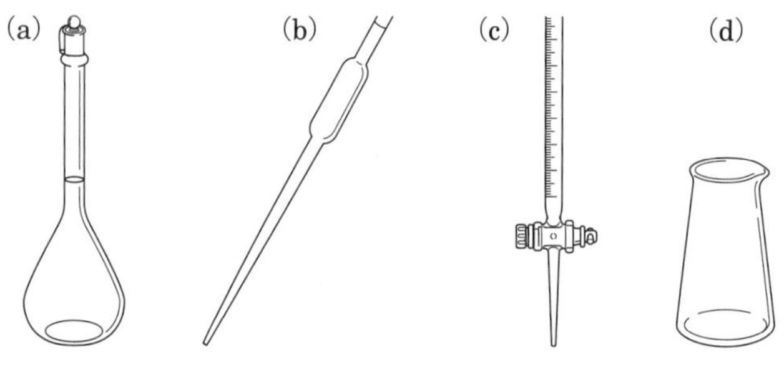

(1) (a)～(d)の名称を答えよ。

(2) 次の文中の(ア)～(ウ)に該当する器具の名称を答えよ。

濃度不明の酢酸水溶液を(　ア　)を用いて正確に測り取り，(　イ　)に入れた。これにフェノールフタレイン溶液を指示薬として加えて，濃度のわかっている水酸化ナトリウム水溶液を(　ウ　)より滴下する。

(3) (a)～(d)の器具の中で，純水でぬれたままでは使用できないものを2つ選び，名称を答えよ。

(4) ビュレットの目盛りの読み方として適当なものを①～③から選べ。

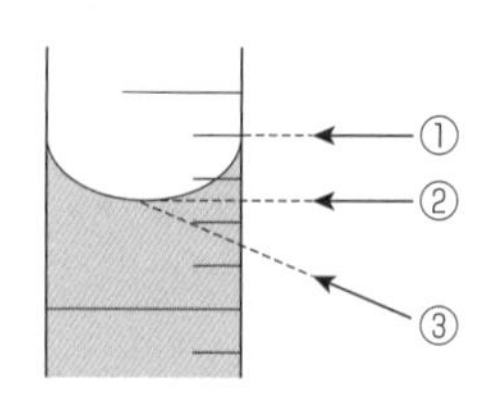

(1)(a)＿＿＿＿
(b)＿＿＿＿
(c)＿＿＿＿
(d)＿＿＿＿
(2)(ア)＿＿＿＿
(イ)＿＿＿＿
(ウ)＿＿＿＿
(3)＿＿＿＿
＿＿＿＿
(4)＿＿＿＿

思考

150. **中和滴定の実験**　濃度不明の酢酸水溶液10.0mLを，0.100mol/Lの水酸化ナトリウム水溶液で中和滴定したところ，12.5mLでちょうど中和した。この実験について，次の各問いに答えよ。

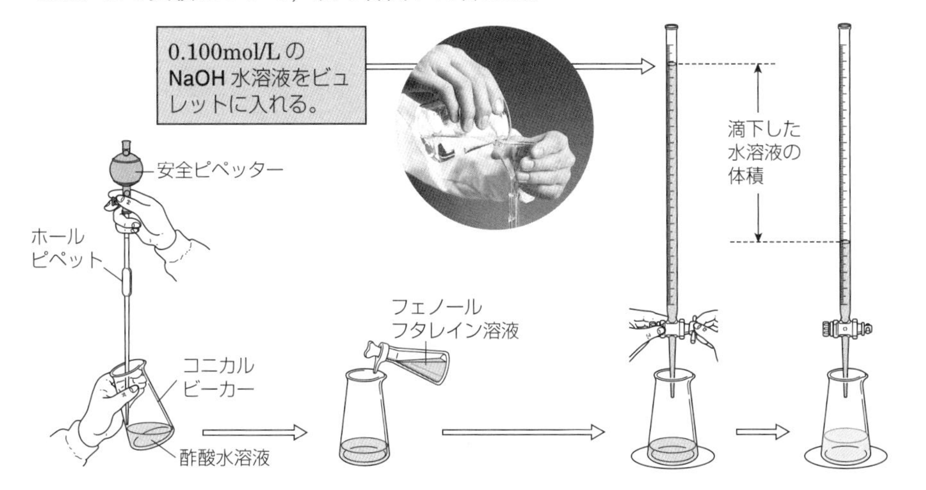

(1)　酢酸水溶液のモル濃度を求めよ。

(2)　別の班が同じ実験を行ったところ，ちょうど中和したときの水酸化ナトリウム水溶液の滴下量が12.5mLよりも少なかった。どのような原因が考えられるか，適当なものを次の(ア)～(エ)から選べ。

(ア)　コニカルビーカーが水でぬれていた。

(イ)　ホールピペットが水でぬれていた。

(ウ)　ビュレットが水でぬれていた。

(エ)　指示薬が少なかった。

(1)＿＿＿＿

(2)＿＿＿＿

思考

151. **中和滴定曲線**　次の(A)，(B)の中和滴定について，次の各問いに答えよ。　まとめ 2

(A)　酢酸水溶液に水酸化ナトリウム水溶液を滴下する。

(B)　水酸化ナトリウム水溶液に塩酸を滴下する。

(1)　(A)，(B)の中和滴定曲線は，それぞれ(ア)～(エ)のうちのどれか。

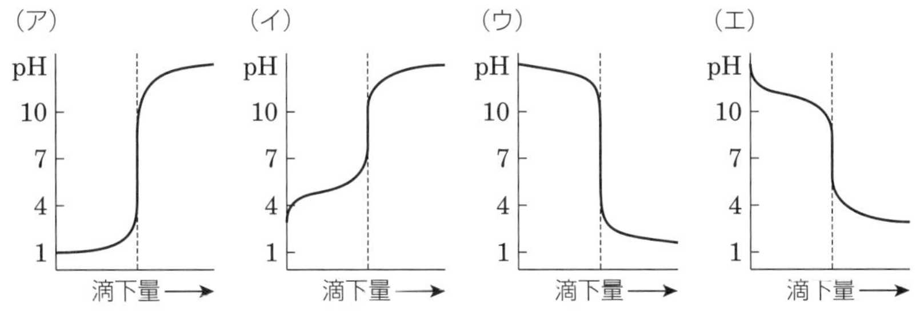

(2)　(A)，(B)の中和点において，水溶液は酸性，中性，塩基性のいずれを示すか。

(3)　(A)，(B)で用いる指示薬として適当なものを，(ア)～(ウ)のうちから選べ。

(ア)　フェノールフタレイン　　(イ)　メチルオレンジ

(ウ)　フェノールフタレイン，メチルオレンジのどちらでもよい。

(4)　(A)で選んだ指示薬が何色から何色に変化したとき，中和点と判断できるか。

(1)(A)＿＿＿＿

(B)＿＿＿＿

(2)(A)＿＿＿＿

(B)＿＿＿＿

(3)(A)＿＿＿＿

(B)＿＿＿＿

(4)(　　　)色が薄い

(　　　)色に変化したとき

学習日：　　月　　日／学習時間：　　分

23 酸化と還元・酸化数と酸化還元反応

学習のまとめ

1 酸化と還元

酸化と還元は，酸素原子，水素原子，電子などの授受で定義される。また，酸化と還元は同時におこり，この反応を**酸化還元反応**という。

	酸化される	還元される
酸素 O のやり取り	酸素を(ア　　　　)	酸素を失う
水素 H のやり取り	水素を(イ　　　　)	水素を受け取る
電子 e^- のやり取り	電子を失う	電子を(ウ　　　　)

(例)　$2Cu + O_2 \longrightarrow 2CuO$　銅は酸素を受け取り，(エ　　　　)された。

$H_2 + Cl_2 \longrightarrow 2HCl$　塩素は水素を受け取り，(オ　　　　)された。

$Cu \longrightarrow Cu^{2+} + 2e^-$　銅は電子を失い，(カ　　　　)された。

ポイント!
物質が燃焼したり，鉄がさびたりする反応は，酸化還元反応である。

2 酸化数

酸化数…原子の酸化の程度を表す数値。次の表の取り決めにしたがって各原子に割り当てられる。

ポイント!
酸化数は正の場合でも + をつけて表す。

取り決め	例
①単体を構成する原子の酸化数は(キ　　　)とする。	H_2 中の H は(ク　　　) Cu 中の Cu は(ケ　　　)
②単原子イオンを構成する原子の酸化数は，そのイオンの電荷に等しい。	S^{2-} の S の酸化数は -2, Al^{3+} の Al の酸化数は(コ　　　)
③化合物中の水素原子 H の酸化数は(サ　　　)，酸素原子 O の酸化数は(シ　　　)とする。	NH_3 中の H は $+1$, CO_2 中の O は -2
④化合物中の各原子の酸化数の総和は(ス　　　)とする。	H_2O 中の各原子の酸化数の総和 $=(+1)\times2+(-2)=0$
⑤多原子イオン中の各原子の酸化数の総和は，そのイオンの電荷に等しい。	SO_4^{2-} 中の S の酸化数を x とすると， $x+(-2)\times4=$(セ　　　)　$x=+6$

化合物中のアルカリ金属の原子の酸化数は $+1$，化合物中のアルカリ土類金属の原子の酸化数は $+2$，Al は $+3$ である。
H_2O_2 中の O の酸化数は -1，NaH 中の H の酸化数は -1 とする。

酸化数の増減と酸化・還元…化学変化の前後の酸化数を調べることで，その物質が酸化されたか，還元されたかを判断することができる。

酸化数が増加 ⟶ (ソ　　　)された
酸化数が減少 ⟶ (タ　　　)された

酸化された物質…酸化された原子を含む物質
還元された物質…還元された原子を含む物質

$$H_2\underline{O}_2 + H_2\underline{S} \longrightarrow 2H_2\underline{O} + \underline{S}$$

酸化数：H_2O_2 の O は -1，H_2S の S は -2，H_2O の O は -2，S は 0

S：酸化された(酸化数増加)　$-2 \rightarrow 0$
O：還元された(酸化数減少)　$-1 \rightarrow -2$

ポイント!
イオン結晶中の各原子の酸化数は，構成しているイオンで考える。
(例) $ZnSO_4$ 中の Zn の酸化数
Zn^{2+}　SO_4^{2-}
$+2$　$+6-2$

知識
152. 酸化・還元　次の文中の(　　　)に適切な語句を記せ。　まとめ-1

$CuO + H_2 \longrightarrow Cu + H_2O$

酸化・還元は，酸素，水素，電子のやり取りや，酸化数の変化から判断できる。例えば，酸素のやり取りに着目すると，CuO は，(　ア　)を失って Cu に変化しており，(　イ　)されている。一方，H_2 は，(　ア　)を受け取って H_2O に変化しており，(　ウ　)されている。

このように，酸化と還元は，常に同時におこるので，このような反応を，(　エ　)反応という。

(ア)＿＿＿＿
(イ)＿＿＿＿
(ウ)＿＿＿＿
(エ)＿＿＿＿

知識
153. 酸化・還元と水素・酸素　下線部の物質が酸化されたか，還元されたかを酸素および水素のやり取りに着目して説明せよ。　まとめ-1

(1) $2\underline{Mg} + CO_2 \longrightarrow 2MgO + C$　　(1) 酸素を(受け取った・失った)──→(酸化・還元)された

(2) $\underline{CuO} + H_2 \longrightarrow Cu + H_2O$　　(2) 酸素を(受け取った・失った)──→(酸化・還元)された

(3) $\underline{N_2} + 3H_2 \longrightarrow 2NH_3$　　(3) 水素を(受け取った・失った)──→(酸化・還元)された

(4) $2\underline{H_2S} + SO_2 \longrightarrow 3S + 2H_2O$　　(4) 水素を(受け取った・失った)──→(酸化・還元)された

知識
154. 酸化・還元と電子　下線部の物質が酸化されたか，還元されたかを電子のやり取りに着目して説明せよ。　まとめ-1

(1) $\underline{Zn} \longrightarrow Zn^{2+} + 2e^-$　　(1) 電子を(受け取った・失った)──→(酸化・還元)された

(2) $\underline{Cl_2} + 2e^- \longrightarrow 2Cl^-$　　(2) 電子を(受け取った・失った)──→(酸化・還元)された

知識
155. 酸化数　まとめ-2

導入問題　硝酸 HNO_3 中の窒素原子 N の酸化数はいくらか。

解法　硝酸 HNO_3 中の窒素原子 N の酸化数を x とおく。
化合物中の水素原子 H の酸化数は(ア　　　)，酸素原子 O の酸化数は(イ　　　)である。化合物中の各原子の酸化数の総和は(ウ　　　)であるので，次の式が成り立つ。
(ア　　　)×1＋x×1＋(イ　　　)×3＝(ウ　　　)　　x＝(エ　　　)

$\underset{(ア)}{H}\ \underset{x}{N}\ \underset{(イ)}{O_3}$

▶次の各化学式中の下線部の原子の酸化数はいくらか。

(1) $\underline{Ag}$ ＿＿＿	(2) $\underline{Br}_2$ ＿＿＿	(3) $\underline{Pb}O_2$ ＿＿＿	(4) $H_2\underline{S}O_4$ ＿＿＿
(5) $\underline{S}O_2$ ＿＿＿	(6) $H_2\underline{S}$ ＿＿＿	(7) $\underline{N}O$ ＿＿＿	(8) $\underline{N}O_2$ ＿＿＿
(9) $\underline{N}O_3^-$ ＿＿＿	(10) $\underline{N}H_4^+$ ＿＿＿	(11) $\underline{Mn}O_4^-$ ＿＿＿	(12) $\underline{Cr}_2O_7^{2-}$ ＿＿＿
(13) $H_2\underline{O}_2$ ＿＿＿	(14) $Li\underline{H}$ ＿＿＿	(15) $\underline{Mg}Cl_2$ ＿＿＿	(16) $\underline{Cu}SO_4$ ＿＿＿

知識

156. 酸化還元反応

(　　)内に下線部の原子の酸化数を記入し，[　　]に「酸化」，「還元」のいずれかを記せ。　まとめ 1 2

(1) $2\underline{Al}$ ＋ $\underline{Fe}_2O_3$ ⟶ $\underline{Al}_2O_3$ ＋ $2\underline{Fe}$

(　) (　) (　) (　)

Al → Al_2O_3：[　　]された
Fe_2O_3 → Fe：[　　]された

(2) $\underline{Cu}$ ＋ $4H\underline{N}O_3$ ⟶ $\underline{Cu}(NO_3)_2$ ＋ $2H_2O$ ＋ $2\underline{N}O_2$

(　) (　) (　) (　)

Cu → $Cu(NO_3)_2$：[　　]された
HNO_3 → NO_2：[　　]された

(3) $\underline{Mn}O_2$ ＋ $4H\underline{Cl}$ ⟶ $\underline{Mn}Cl_2$ ＋ $2H_2O$ ＋ $\underline{Cl}_2$

(　) (　) (　) (　)

MnO_2 → $MnCl_2$：[　　]された
HCl → Cl_2：[　　]された

知識

157. 酸化還元反応

下線部の原子の酸化数の変化を記せ。また，その原子が酸化されたか，還元されたかを記せ。　まとめ 1 2

(1) $\underline{Cl}_2+H_2S \longrightarrow 2H\underline{Cl}+S$

(2) $2\underline{Mg}+CO_2 \longrightarrow 2\underline{Mg}O+C$

(3) $2\underline{Cu}O+C \longrightarrow 2\underline{Cu}+CO_2$

(1) 酸化数　　⟶　　，　　された

(2) 酸化数　　⟶　　，　　された

(3) 酸化数　　⟶　　，　　された

思考

158. 単体と酸化・還元

次の文中の(　　)に「酸化」，「還元」の語を補って正しい文にせよ。　まとめ 1 2

(1) 水素が(　　)されて水ができる。

(2) 酸化鉄(Ⅲ)Fe_2O_3が(　　)されて鉄ができる。

(3) 硫化水素が(　　)されて硫黄ができる。

(4) 二酸化硫黄が(　　)されて硫黄ができる。

(1) ＿＿＿＿

(2) ＿＿＿＿

(3) ＿＿＿＿

(4) ＿＿＿＿

思考

159. 酸化還元反応

次の反応について，酸化された物質を化学式で答えよ。　まとめ 1 2

(1) $Cu+2H_2SO_4 \longrightarrow CuSO_4+2H_2O+SO_2$

(2) $SO_2+H_2O_2 \longrightarrow H_2SO_4$

(3) $2KI+Cl_2 \longrightarrow 2KCl+I_2$

(1) ＿＿＿＿

(2) ＿＿＿＿

(3) ＿＿＿＿

思考

160. 酸化還元反応

次の反応のうち，酸化還元反応を2つ選び，記号で答えよ。　まとめ 1 2

(ア) $2CuO+C \longrightarrow 2Cu+CO_2$

(イ) $NaOH+HCl \longrightarrow NaCl+H_2O$

(ウ) $CH_4+2O_2 \longrightarrow CO_2+2H_2O$

(エ) $NaCl+AgNO_3 \longrightarrow AgCl+NaNO_3$

＿＿＿＿，＿＿＿＿

酸化剤と還元剤

学習のまとめ

1 酸化剤と還元剤

酸化剤…相手の物質を酸化する物質。(自身は(ア　　　　)される)
還元剤…相手の物質を還元する物質。(自身は(イ　　　　)される)

酸化剤・還元剤の判断

順序	(例)　過酸化水素と硫化水素の反応	
①各原子の酸化数を調べる。	$H_2O_2 + H_2S \longrightarrow 2H_2O + S$ +1−1　+1−2　　+1−2　　0	
②酸化数の増減を調べる。	S：−2→0 増加	O：−1→−2 減少
③自身が酸化されたか，還元されたかを考える。	H_2S は酸化された	H_2O_2 は還元された
④自身がされた働きから，相手への働きを考える。	H_2S は相手を還元したため，**還元剤**	H_2O_2 は相手を酸化したため，**酸化剤**

ポイント!
過酸化水素や二酸化硫黄は，反応する相手によって酸化剤として働いたり，還元剤として働いたりする。

2 酸化剤と還元剤の働きを示す式

酸化剤や還元剤の働きは，電子の授受を示した式を用いて表される。
酸化剤…相手を酸化する＝電子を受け取る＝自身は還元される。

酸化剤	反応式
濃硝酸 HNO_3	$HNO_3 + H^+ + e^- \longrightarrow NO_2 + H_2O$
過マンガン酸カリウム $KMnO_4$(硫酸酸性)*	$MnO_4^- + 8H^+ +$ (ウ　　　)$e^- \longrightarrow Mn^{2+} + 4H_2O$
二クロム酸カリウム $K_2Cr_2O_7$(硫酸酸性)	$Cr_2O_7^{2-} + 14H^+ + 6e^- \longrightarrow 2Cr^{3+} + 7H_2O$
過酸化水素 H_2O_2(硫酸酸性)	$H_2O_2 + 2H^+ + 2e^- \longrightarrow 2H_2O$
二酸化硫黄 SO_2	$SO_2 + 4H^+ + 4e^- \longrightarrow S + 2H_2O$
ハロゲン(Cl_2，I_2 など)	$Cl_2 + 2e^- \longrightarrow 2Cl^-$

＊ 酸化剤の反応に H^+ が必要な場合は，硫酸を加えて酸性にする。塩酸や硝酸は自身が酸化還元反応を示すため使用しない。

還元剤…相手を還元する＝電子を与える＝自身は酸化される

還元剤	反応式
金属(Na，Li など)	$Na \longrightarrow Na^+ + e^-$
シュウ酸 $(COOH)_2$	$(COOH)_2 \longrightarrow 2CO_2 + 2H^+ + 2e^-$
硫化水素 H_2S	$H_2S \longrightarrow S + 2H^+ + 2e^-$
ヨウ化カリウム KI	$2I^- \longrightarrow I_2 + 2e^-$
過酸化水素 H_2O_2	$H_2O_2 \longrightarrow$ (エ　　　　) $+ 2H^+ + 2e^-$
二酸化硫黄 SO_2	$SO_2 + 2H_2O \longrightarrow SO_4^{2-} + 4H^+ + 2e^-$

覚えておきたい化学式　次の酸化剤・還元剤の化学式を答えよ。

酸化剤
(1)　濃硝酸　(　　　　　　)
(2)　過マンガン酸カリウム　(　　　　　　)
(3)　二クロム酸カリウム　(　　　　　　)
(4)　過酸化水素　(　　　　　　)
(5)　二酸化硫黄　(　　　　　　)

還元剤
(6)　シュウ酸　(　　　　　　)
(7)　硫化水素　(　　　　　　)
(8)　ヨウ化カリウム　(　　　　　　)
過酸化水素 H_2O_2 や二酸化硫黄 SO_2 は還元剤としても働く

知識

161. 酸化剤・還元剤　次の文中の(　　　)に適する語句を記せ。

まとめ 1

酸化還元反応において，相手を酸化する物質が(　ア　)剤であり，相手を還元する物質が(　イ　)剤である。(　ア　)剤は，相手から電子を受け取るので，自身は還元される。一方，(　イ　)剤は，相手に電子を与えるので，自身は酸化される。

$$CuO + H_2 \longrightarrow Cu + H_2O$$

上の式で，Cu 原子は，酸化数が $+2 \rightarrow 0$ に変化し，CuO 自身が(　ウ　)されており，相手を(　エ　)したため(　エ　)剤として働いている。一方，H 原子は，酸化数が $0 \rightarrow +1$ に変化し，H_2 自身は(　オ　)されており，相手を(　カ　)したため(　カ　)剤として働いている。

(ア)
(イ)
(ウ)
(エ)
(オ)
(カ)

知識

162. 酸化剤・還元剤　次の反応で酸化剤として働く物質，還元剤として働く物質を判断したい。文中の(　　　)に適する語句を記せ。

まとめ 1

(1)

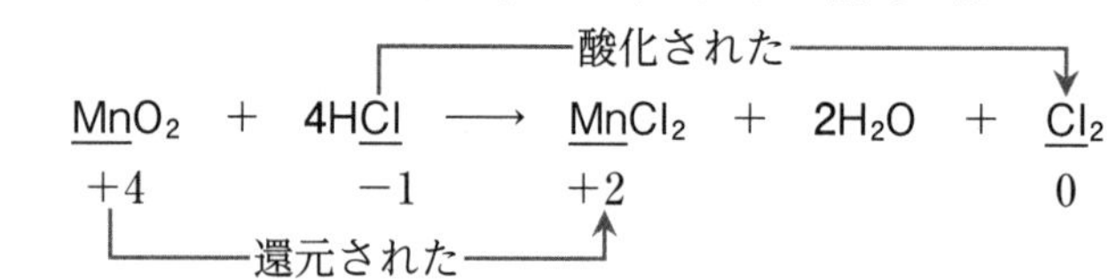

HCl は自身が(　ア　)されているため(　イ　)剤。
MnO_2 は自身が(　ウ　)されているため(　エ　)剤。

(2)

酸化された

$$H_2\underline{S} + H_2\underline{O_2} \longrightarrow \underline{S} + 2H_2\underline{O}$$

-2　-1　0　-2

還元された

H_2S は自身が(　オ　)されているため(　カ　)剤。
H_2O_2 は自身が(　キ　)されているため(　ク　)剤。

(3)

酸化された

$$2K\underline{I} + \underline{Cl_2} \longrightarrow \underline{I_2} + 2K\underline{Cl}$$

-1　0　0　-1

還元された

KI は自身が(　ケ　)されているため(　コ　)剤。
Cl_2 は自身が(　サ　)されているため(　シ　)剤。

(1)ア
イ
ウ
エ
(2)オ
カ
キ
ク
(3)ケ
コ
サ
シ

思考

163. 酸化剤・還元剤と酸化数の変化　次の反応において，下線部の物質は，(ア)酸化剤，(イ)還元剤のどちらか。記号で答えよ。

(1)　$2\underline{Na} + 2H_2O \longrightarrow 2NaOH + H_2$
(2)　$2KI + \underline{H_2O_2} \longrightarrow 2KOH + I_2$
(3)　$\underline{SO_2} + 2H_2S \longrightarrow 2H_2O + 3S$
(4)　$3Cu + 8\underline{HNO_3} \longrightarrow 3Cu(NO_3)_2 + 4H_2O + 2NO$

(1)
(2)
(3)
(4)

思考

164. 二酸化硫黄と過酸化水素　次の文中の(ア)～(エ)に適切な語句を入れよ。

まとめ-1

過酸化水素 H_2O_2 や二酸化硫黄 SO_2 は，反応する相手によって，酸化剤として働いたり，還元剤として働いたりする。

過酸化水素　$H_2O_2 \longrightarrow 2H^+ + O_2 + 2e^-$　…①

$H_2O_2 + 2H^+ + 2e^- \longrightarrow 2H_2O$　…②

二酸化硫黄　$SO_2 + 2H_2O \longrightarrow SO_4^{2-} + 4H^+ + 2e^-$　…③

$SO_2 + 4H^+ + 4e^- \longrightarrow S + 2H_2O$　…④

①～④式のうち，①式と③式は，電子を放出する反応であり，それぞれ(　ア　)剤として働いている。一方，②式と④式は電子を受け取る反応であり，それぞれ(　イ　)剤として働いている。

過酸化水素水と二酸化硫黄を含む水溶液を反応させる実験を行ったところ，反応によって気体は生じなかった。このことから，この反応で，H_2O_2 は(　ウ　)剤，SO_2 は(　エ　)剤として働いていると考えられる。

(ア)

(イ)

(ウ)

(エ)

知識

165. 酸化剤・還元剤の働きを示す反応式

まとめ-2

導入問題　硫酸酸性の水溶液中で，過マンガン酸カリウム $KMnO_4$ が酸化剤として働くとき，過マンガン酸イオン MnO_4^- はマンガン(Ⅱ)イオン Mn^{2+} に変化する。この反応を e^- を含むイオン反応式で示せ。

解法　①酸化数の変化した物質を含む物質を書き出す。

$\underline{Mn}O_4^- \longrightarrow \underline{Mn}^{2+}$

$+7$　　　$+2$

②酸化数の変化を調べて，e^- を加える。

$MnO_4^- + ($ア$\quad)e^- \longrightarrow Mn^{2+}$

③両辺の電荷が等しくなるように H^+ を加える。

$MnO_4^- + ($イ$\quad)H^+ + ($ア$\quad)e^- \longrightarrow Mn^{2+}$

④両辺の原子数を H_2O で調整する。

$MnO_4^- + ($イ$\quad)H^+ + ($ア$\quad)e^- \longrightarrow Mn^{2+} + ($ウ$\quad)H_2O$

▶二酸化硫黄 SO_2 が還元剤として働くとき，SO_2 は硫酸イオン SO_4^{2-} に変化する。この反応を e^- を含むイオン反応式で示せ。

①酸化数の変化した物質を含む物質を書き出す。

$\underline{S}O_2 \longrightarrow \underline{S}O_4^{2-}$

$+4$　　　$+6$

②酸化数の変化を調べて，e^- を加える。

$\underline{S}O_2 \longrightarrow \underline{S}O_4^{2-} + ($エ$\quad)e^-$

③両辺の電荷が等しくなるように H^+ を加える。

$\underline{S}O_2 \longrightarrow \underline{S}O_4^{2-} + ($オ$\quad)H^+ + ($エ$\quad)e^-$

④両辺の原子数を H_2O で調整する。

$\underline{S}O_2 + ($カ$\quad)H_2O \longrightarrow \underline{S}O_4^{2-} + ($オ$\quad)H^+ + ($エ$\quad)e^-$

25 酸化還元反応式と量的関係

学習日：　　月　　日／学習時間：　　分

1 酸化還元反応式のつくり方

酸化還元反応では，電子のやり取りについて，次の関係が成り立つ。

酸化剤が受け取る(ア　　　)の数＝(イ　　　)剤が失った電子の数

酸化還元反応式は，酸化剤と還元剤の電子の数が等しくなるように，酸化剤・還元剤の働きを示す式を組み合わせてつくることができる。

(例)　H_2O_2 と I^- の反応式は，次の①式と②式を足し合わせて，e^- を消去して得られる。

$H_2O_2 + 2H^+ + 2e^- \longrightarrow 2H_2O$　　…①

＋)　　　$2I^- \longrightarrow I_2 + 2e^-$　　…②

(ウ　　　　　　　　　　　　　)

2 酸化還元反応の量的関係

酸化還元反応では，過不足なく反応するとき次の関係が成り立つ。

酸化剤が受け取った電子の物質量＝還元剤が失った電子の物質量

酸化剤の物質量×酸化剤が受け取る電子数　　還元剤の物質量×還元剤が失った電子数

ポイント!

酸化還元反応の量的関係を利用して，濃度既知の酸化剤(または還元剤)から，濃度不明の還元剤(または酸化剤)の濃度を求める操作を**酸化還元滴定**という。

知識

☐ **166. 酸化還元反応式**　次の酸化剤・還元剤の働きを示す式を組み合わせて，イオン反応式，または化学反応式を完成させよ。　→まとめ 1

(1)
$H_2O_2 + 2H^+ + 2e^- \longrightarrow 2H_2O$　　…①
$Fe^{2+} \longrightarrow Fe^{3+} + e^-$　　…②

(2)
$SO_2 + 4H^+ + 4e^- \longrightarrow S + 2H_2O$　　…③
$H_2S \longrightarrow S + 2H^+ + 2e^-$　　…④

(3)
$MnO_4^- + 8H^+ + 5e^- \longrightarrow Mn^{2+} + 4H_2O$　　…⑤
$(COOH)_2 \longrightarrow 2CO_2 + 2H^+ + 2e^-$　　…⑥

(4)
$Cr_2O_7^{2-} + 14H^+ + 6e^- \longrightarrow 2Cr^{3+} + 7H_2O$　　…⑦
$H_2O_2 \longrightarrow O_2 + 2H^+ + 2e^-$　　…⑧

思考

167. 酸化還元反応の量的関係

まとめ 2

導入問題 硫酸酸性の水溶液中で，過マンガン酸カリウム $KMnO_4$ と過酸化水素 H_2O_2 は，それぞれ次のように反応する。0.10mol の過マンガン酸カリウムと反応する過酸化水素は何 mol か。

$MnO_4^- + 8H^+ + 5e^- \longrightarrow Mn^{2+} + 4H_2O$ …①

$H_2O_2 \longrightarrow O_2 + 2H^+ + 2e^-$ …②

解法 酸化剤が受け取った電子の物質量＝還元剤が失った電子の物質量である。①式から，1mol の MnO_4^- が受け取る電子の物質量は(ア　　)mol，②式から，1mol の H_2O_2 が失う電子の物質量は(イ　　)mol である。したがって，H_2O_2 の物質量を x〔mol〕とすると，

$\underbrace{0.10\,\mathrm{mol} \times (ウ\quad)}_{MnO_4^-\text{が受け取った}e^-\text{の物質量}} = \underbrace{x〔\mathrm{mol}〕 \times (エ\quad)}_{H_2O_2\text{が失った}e^-\text{の物質量}}$　　$x = (オ\quad)$ mol

▶次の問いに答えよ。

(1) 銀 Ag と濃硝酸 HNO_3 は，それぞれ次のように反応する。Ag 1.0mol と反応する HNO_3 は何 mol か。

$HNO_3 + H^+ + e^- \longrightarrow NO_2 + H_2O$

$Ag \longrightarrow Ag^+ + e^-$

(2) 硫酸酸性の水溶液中で，二クロム酸カリウム $K_2Cr_2O_7$ と二酸化硫黄 SO_2 は，それぞれ次のように反応する。$K_2Cr_2O_7$ 0.40mol と反応する SO_2 は何 mol か。

$Cr_2O_7^{2-} + 14H^+ + 6e^- \longrightarrow 2Cr^{3+} + 7H_2O$

$SO_2 + 2H_2O \longrightarrow SO_4^{2-} + 4H^+ + 2e^-$

(1) ＿＿＿＿＿＿

(2) ＿＿＿＿＿＿

思考

168. 酸化還元滴定

まとめ 2

導入問題 濃度不明のシュウ酸 $(COOH)_2$ 水溶液 10mL を希硫酸で酸性にし，0.080mol/L 過マンガン酸カリウム $KMnO_4$ 水溶液で滴定すると 12mL でちょうど反応した。このシュウ酸水溶液のモル濃度を求めよ。

$MnO_4^- + 8H^+ + 5e^- \longrightarrow Mn^{2+} + 4H_2O$ …①

$(COOH)_2 \longrightarrow 2CO_2 + 2H^+ + 2e^-$ …②

解法 酸化剤が受け取った電子の物質量＝還元剤が失った電子の物質量である。①式から，1mol の MnO_4^- が受け取る電子の物質量は(ア　　)mol，②式から，1mol の $(COOH)_2$ が失う電子の物質量は(イ　　)mol である。したがって，シュウ酸水溶液のモル濃度を x〔mol/L〕とすると，

$\underbrace{0.080\,\mathrm{mol/L} \times (ウ\quad)\,\mathrm{L} \times 5}_{MnO_4^-\text{が受け取った}e^-\text{の物質量}} = \underbrace{x〔\mathrm{mol/L}〕 \times \frac{10}{1000}\,\mathrm{L} \times (エ\quad)}_{(COOH)_2\text{が失った}e^-\text{の物質量}}$

$x = (オ\quad)$ mol/L

▶濃度不明の二クロム酸カリウム $K_2Cr_2O_7$ 水溶液 10mL を希硫酸で酸性にして，0.050mol/L シュウ酸 $(COOH)_2$ 水溶液で滴定すると 9.0mL でちょうど反応した。この二クロム酸カリウム水溶液のモル濃度を求めよ。

$Cr_2O_7^{2-} + 14H^+ + 6e^- \longrightarrow 2Cr^{3+} + 7H_2O$

$(COOH)_2 \longrightarrow 2CO_2 + 2H^+ + 2e^-$

＿＿＿＿＿＿

26 金属のイオン化傾向・酸化還元反応の利用

学習のまとめ

1 金属のイオン化傾向

金属のイオン化傾向…金属が水溶液中で電子を(ア　　　　)い，陽イオンになろうとする性質。

イオン化傾向
- 大…陽イオンになり(イ　　　　　　)
- 小…陽イオンになり(ウ　　　　　　)

(例)　硝酸銀水溶液に銅線を入れると，銅原子は電子を失い，銅(Ⅱ)イオンになって溶け出す。一方，溶液中の(エ　　　　)イオンは電子を受け取り，銀になって析出する。これは銅のイオン化傾向が銀よりも(オ　　　　)からである。

$Ag^+ + Cu \longrightarrow Ag + Cu^{2+}$

金属のイオン化列…金属をイオン化傾向の大きい方から順に並べたもの。一般に，イオン化傾向が大きい金属ほど反応しやすい。

ポイント!
銅(Ⅱ)イオンを含む水溶液に，銀線を入れても，銅の方がイオン化傾向が大きいので，銅は析出しない。

イオン化傾向と金属の反応性の関係

	Li	K	Ca	Na	Mg	Al	Zn	Fe	Ni	Sn	Pb	H_2	Cu	Hg	Ag	Pt	Au
イオン化列	大 ←――――――――――――― イオン化傾向 ――――――――――――――― 小																
酸との反応	塩酸や希硫酸と反応して水素を発生												硝酸・熱濃硫酸と反応する			王水と反応する	
水との反応	常温で水と反応				熱水と反応	高温で水蒸気と反応			変化しない								
空気との反応	常温ですみやかに酸化				高温で燃焼する		強熱によって酸化								酸化されない		

Al，Fe，Ni は濃硝酸とは表面にち密な酸化物の被膜を形成し，それ以上反応しにくくなる(**不動態**)。
Pb は塩酸や希硫酸とは表面に難溶性の塩を生じ，反応しにくくなる。

2 鉄の製錬

製錬…鉱石中に(カ　　　　)や硫黄の化合物として含まれている金属を(キ　　　　)して取り出す操作。

鉄の製錬…原料として鉄鉱石，コークス，(ク　　　　)を用い，これらを溶鉱炉に入れ，熱風を吹きこんで製錬する。コークスと酸素の反応によって生じる(ケ　　　　　　)が鉄鉱石に含まれる鉄の酸化物を還元して，単体の鉄が得られる。

銑鉄…溶鉱炉から取り出され，炭素を多く含む(約 4%)。

鋼…銑鉄を転炉に入れて酸素を吹きこみ，炭素を取り除くと得られる(約 0.02〜2%)。

思考

169. イオン化傾向　次の実験の結果をもとに，下の各問いに答えよ。　まとめ-1

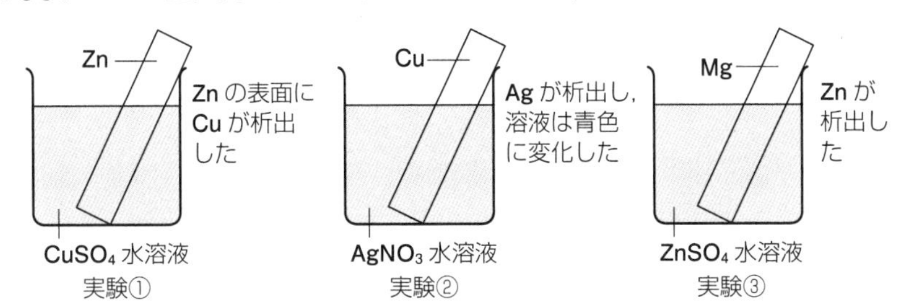

(1) 実験①～③の変化をイオン反応式で示せ。

実験①__________

実験②__________

実験③__________

(2) 実験結果をもとにして，Zn，Cu，Mg，Ag をイオン化傾向の大きい順に並べよ。

_____ ＞ _____ ＞ _____ ＞ _____

知識

170. 金属と酸の反応　次の金属について，(1)～(4)にあてはまるものをすべて選び，元素記号で記せ。　Ag　Al　Cu　Fe　Mg　Pt　Zn　まとめ-1

(1) 塩酸に溶けるもの
(2) 塩酸や希硫酸には溶けないが，硝酸に溶けるもの
(3) 塩酸にも硝酸にも溶けないが，王水に溶けるもの
(4) 塩酸や希硫酸には溶けるが，濃硝酸には溶けないもの

(1)__________
(2)__________
(3)__________
(4)__________

思考

171. 金属のイオン化傾向　金属 A～D について，次の実験 a～c を行った。A～D に該当する金属を(ア)～(エ)より選べ。　まとめ-1

(ア) Ag　(イ) Cu　(ウ) Na　(エ) Zn

実験 a　A～D に水をいれたところ，A は水と反応して気体を発生した。
実験 b　B～D に希硫酸を加えると B は溶けたが C と D は溶けなかった。
実験 c　D の硝酸塩水溶液に C の金属片を入れると，D が析出した。

A__________
B__________
C__________
D__________

知識

172. 鉄の製錬　次の文中の(　　)に適切な語句を記せ。　まとめ-2

溶鉱炉の中で，酸素と(　ア　)が反応して生じる一酸化炭素は，鉄鉱石中に含まれる酸化物を(　イ　)し，単体の鉄 Fe が生成する。溶鉱炉から取り出した鉄は，炭素を多く含み，(　ウ　)とよばれる。これを転炉に入れて(　エ　)を吹きこむと，炭素の少ない(　オ　)が得られる。

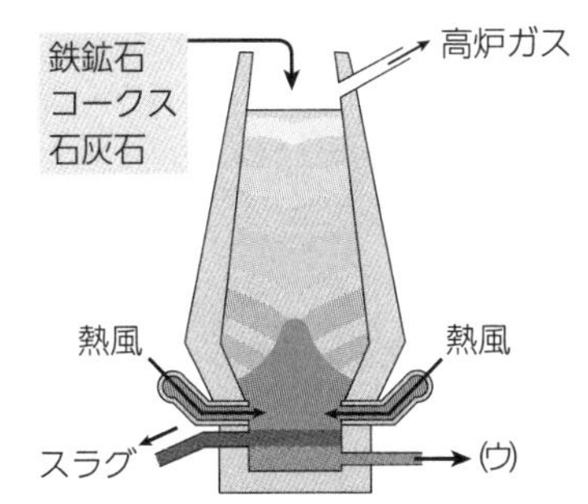

(ア)__________
(イ)__________
(ウ)__________
(エ)__________
(オ)__________

学習日：　　月　　日／学習時間：　　分

電池・電気分解

学習のまとめ

1 電池

電池…(ア　　　　　　　　)反応を利用して電流を取り出す装置。

電池の構造…イオン化傾向の異なる2種類の金属Aと金属Bを電解質水溶液に浸し，A，Bを導線でつなぐと電流が流れる。イオン化傾向の大きい金属Aが(イ　　　)極，小さい金属Bが(ウ　　　)極になる。両極間に生じる電位差(電圧)を電池の(エ　　　　　　　)という。

電子の流れる向き…(オ　　　)極 ⟶ (カ　　　)極

電流の流れる向き…(キ　　　)極 ⟶ (ク　　　)極

一次電池…マンガン乾電池やリチウム電池のように，(ケ　　　　　　)できない電池。

二次電池…鉛蓄電池やリチウムイオン電池のように充電できる電池。

電池の原理
(イオン化傾向　A>B)

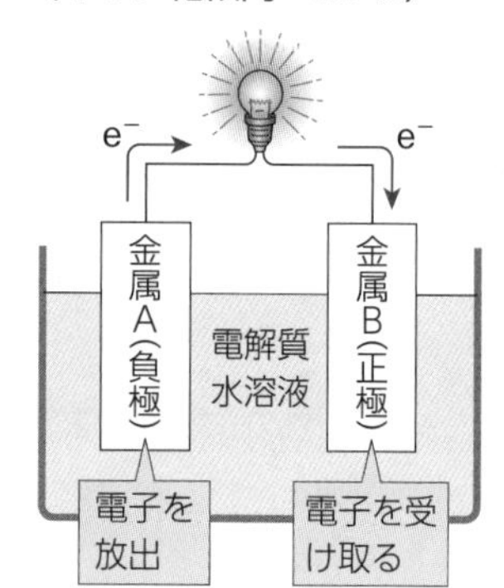

2 いろいろな電池

ダニエル乾電池…(コ　　　　　　)板を入れた硫酸亜鉛 $ZnSO_4$ 水溶液と銅板を入れた硫酸銅(Ⅱ) $CuSO_4$ 水溶液を，水溶液が混ざらないようにセロハンなどの半透膜や素焼き板で仕切った構造の電池。

負極　$Zn \longrightarrow Zn^{2+} + 2e^-$

正極　$Cu^{2+} + 2e^- \longrightarrow Cu$

電池		負極	電解質	正極	起電力	使用例
一次電池	マンガン乾電池	サ	$ZnCl_2$	MnO_2·C	1.5V	電化製品
	アルカリマンガン乾電池	Zn	KOH	MnO_2·C	1.5V	電化製品
二次電池	ニッケル・水素電池	H_2	KOH	NiO(OH)	1.2V	ハイブリッド車の電源
	鉛蓄電池	シ	H_2SO_4	PbO_2	2.0V	自動車のバッテリー
	ス	LiC_6	Li塩	$LiCoO_2$	3.7V	携帯電話
燃料電池(リン酸形)		H_2	H_3PO_4	O_2	1.2V	ビルの電源

3 電気分解

電解質水溶液に電極を浸し，外部の電池に接続して電流を通じると，電子のやりとり，すなわち(セ　　　　　　　)反応がおこる。このような操作を**電気分解**という。

4 電気分解の利用

アルミニウムの製造…鉱石の(ソ　　　　　　　)から得た，酸化アルミニウム Al_2O_3 を，融解した氷晶石に溶かし，電気分解するとアルミニウムが得られる。このように物質を融解して電気分解する操作を(タ　　　　　　)という。

銅の電解精錬…鉱石から得た粗銅(純度約99%)を(チ　　　)極，純銅を(ツ　　　)極にして電気分解し，純度99.99%以上の銅を得る操作。

電気分解の原理 発展

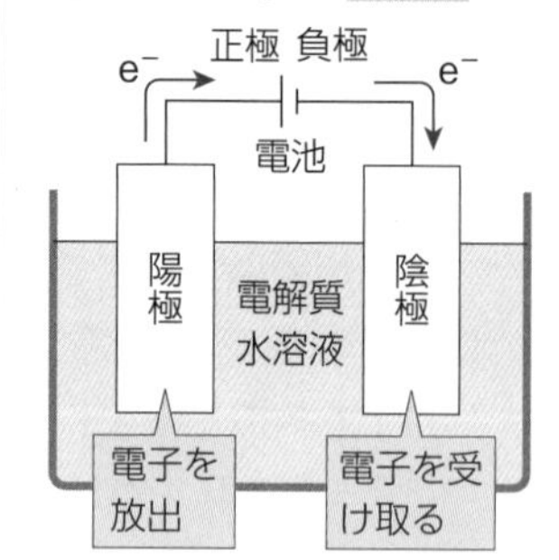

知識

173. 電池　次の文中の(　　)に適する語を答えよ。

(1) 電池は，酸化還元反応を利用して，電流を取り出す装置である。電池を放電させると，(　ア　)は，正極から負極に向かって流れる。このとき(　イ　)は負極から正極に向かって流れる。

(2) 電池には充電ができるものとできないものがあり，充電できない電池を(　ウ　)電池，充電できる電池を(　エ　)電池，または蓄電池という。

まとめ 1

(ア)＿＿＿＿

(イ)＿＿＿＿

(ウ)＿＿＿＿

(エ)＿＿＿＿

思考

174. ダニエル電池　次の各問いに答えよ。

(1) 放電時に負極および正極でおこる変化を，それぞれ電子 e^- を用いた反応式で表せ。

(2) 電流の向きは，図中のア，イのどちらか。

(3) 素焼き板を通って，硫酸銅(Ⅱ)水溶液から硫酸亜鉛水溶液に移動するものを1つ選べ。

(ア) Zn　(イ) Zn^{2+}　(ウ) H^+

(エ) Cu　(オ) Cu^{2+}　(カ) SO_4^{2-}

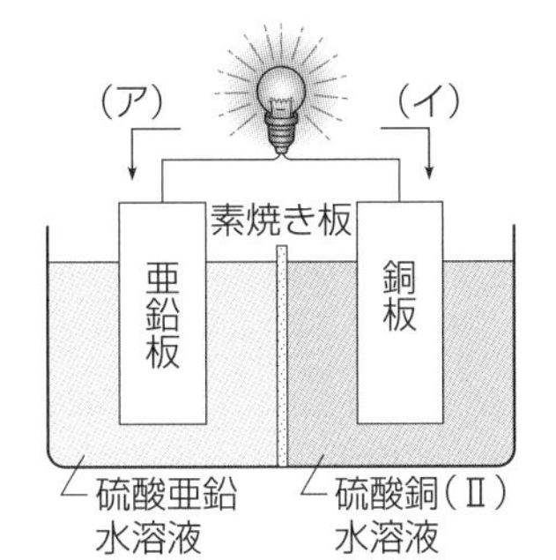

まとめ 2

(1)負極＿＿＿＿

正極＿＿＿＿

(2)＿＿＿＿

(3)＿＿＿＿

発展

知識

175. 電気分解　次の文中の(　　　)に適する語，[　　　]に式の番号を答えよ。

電気分解において，電池の負極に接続された電極を(　ア　)極，正極に接続された電極を(　イ　)極という。

白金を電極として水酸化ナトリウム水溶液の電気分解を行う場合，陽極では，下の[　ウ　]式の反応がおこり，(　エ　)が発生する。また，陰極では，下の[　オ　]式の反応がおこり，(　カ　)が発生する。両極の変化をまとめると，下の[　キ　]式のようになる。

$2H_2O \longrightarrow 2H_2 + O_2$　①式

$2H_2O + 2e^- \longrightarrow H_2 + 2OH^-$　②式

$4OH^- \longrightarrow 2H_2O + O_2 + 4e^-$　③式

まとめ 3

(ア)＿＿＿＿

(イ)＿＿＿＿

(ウ)＿＿＿＿

(エ)＿＿＿＿

(オ)＿＿＿＿

(カ)＿＿＿＿

(キ)＿＿＿＿

知識

176. 電気分解の応用　次の文中の(　　　)に適する語を答えよ。

鉱石から得た粗銅から純銅を得るために，硫酸で酸性にした硫酸銅(Ⅱ)水溶液を電解液として，(　ア　)極に粗銅，(　イ　)極に純銅を用いて電気分解すると，純度99.99％以上の銅を得ることができる。

このとき，粗銅に含まれる金や銀など，銅よりもイオン化傾向が(　ウ　)い金属は(　ア　)極の下に沈殿する。鉄やニッケルなど，銅よりもイオン化傾向が(　エ　)い金属は，陽イオンとして電解液中にとどまる。このように，電気分解を利用して金属の純度を高める操作を(　オ　)という。

まとめ 4

(ア)＿＿＿＿

(イ)＿＿＿＿

(ウ)＿＿＿＿

(エ)＿＿＿＿

(オ)＿＿＿＿

知識

177. 電気分解の応用　次の文中の(　　　)に適する語を答えよ。

アルミニウムやナトリウムなど，イオン化傾向が大きい金属は，水溶液を電気分解して単体を得ることができない。これらの金属の酸化物や塩を融解して電気分解を行うと，(　ア　)極に単体の金属が得られる。このような操作を(　イ　)という。

まとめ 4

(ア)＿＿＿＿

(イ)＿＿＿＿

第2章 実力チェック 確認 Step1

学習日：　　月　　日／学習時間：　　分

大学入試の問題に取り組もう

知識

問1 **分子量** 0℃，1.013×10^5 Pa において気体1gの体積が最も大きい物質を次の(ア)～(エ)のうちから1つ選べ。

(ア) O_2　(イ) CH_4　(ウ) NO　(エ) H_2S

(15 センター本試)

知識

問2 **物質量** 1.5カラットのダイヤモンドに含まれる炭素原子は何molか。ただし，カラットは質量の単位で，1.0カラットは0.20gである。

(16 センター本試 改)

思考

問3 **溶解と濃度** ブドウ糖(グルコース，分子量180)の質量パーセント濃度4.5%水溶液について次の各問いに答えよ。

(1) この水溶液1L中に含まれているグルコースは何gか。ただし，この水溶液の密度は$1.0\,g/cm^3$とする。

(2) この水溶液のモル濃度は何mol/Lか。最も適当な数値を，次の(ア)～(カ)のうちから1つ選べ。

(ア) 0.025　(イ) 0.050　(ウ) 0.25
(エ) 0.50　(オ) 2.5　(カ) 5.0

(16 センター本試 改)

(1)

(2)

知識

問4 **化学反応式の量的関係** エタノール C_2H_5OH を完全燃焼させると44gの二酸化炭素が生成した。このとき燃焼したエタノールの質量は何gか。

(17 センター本試 改)

思考

問5 **酸と塩基** 次の反応Ⅰおよび反応Ⅱで，下線を付した分子およびイオン(a～d)のうち，酸として働くものを2つ選び，記号で答えよ。

反応Ⅰ　$CH_3COOH + {}_a\underline{H_2O} \rightleftarrows CH_3COO^- + {}_b\underline{H_3O^+}$

反応Ⅱ　$NH_3 + {}_c\underline{H_2O} \rightleftarrows NH_4^+ + {}_d\underline{OH^-}$

(15 センター本試 改)

思考

問6 **水素イオン濃度とpH** 0.040mol/Lの塩酸25mLを水で希釈して100mLにした。この水溶液のpHはいくらか。整数で答えよ。

(16 センター追試 改)

H=1.0　C=12　N=14　O=16　S=32

知識

問7　中和と塩　次の塩(ア)～(カ)から，下の記述 a，b にあてはまる塩をそれぞれ2つずつ選べ。

(ア)　CH_3COONa　　(イ)　KCl　　(ウ)　Na_2CO_3

(エ)　NH_4Cl　　(オ)　$CaCl_2$　　(カ)　$(NH_4)_2SO_4$

a　水に溶かしたとき，水溶液が酸性を示すもの

b　水に溶かしたとき，水溶液が塩基性を示すもの

(15　センター本試　改)

a
b

思考

問8　中和滴定　次の文中の(ア)に入る適当な語句を下の語群から選べ。また，(イ)，(ウ)に適当な語句または数値を入れよ。

濃度が不明の酢酸水溶液8.0mLに，指示薬として(　ア　)を加え，0.20 mol/Lの水酸化ナトリウム水溶液で滴定した。10mL加えたところで中和点に達し，溶液は(　イ　)色に変化した。そこで，この酢酸水溶液の濃度は(　ウ　)mol/Lと決定された。

語群　フェノールフタレイン　　メチルオレンジ

(98　センター追試　改)

(ア)
(イ)
(ウ)

知識

問9　酸化数　下線を付した原子の酸化数を比べたとき，酸化数が最も大きいものの化学式を記せ。

(1)　$H_2\underline{S}$　　$H_2\underline{S}O_4$　　$\underline{S}$　　$\underline{S}O_2$

(2)　$H\underline{N}O_3$　　$\underline{N}_2$　　$\underline{N}H_3$　　$\underline{N}O_2$

(3)　$\underline{C}H_4$　　$\underline{C}_{60}$　　$\underline{C}O_2$　　$(\underline{C}OOH)_2$　　(98　センター追試　改)

(1)
(2)
(3)

思考

問10　酸化剤・還元剤　下線部の物質が酸化剤として働いている化学反応式として最も適当なものを，次の(ア)～(エ)から選べ。

(ア)　$2\underline{K}+2H_2O \longrightarrow 2KOH+H_2$

(イ)　$2\underline{H_2S}+SO_2 \longrightarrow 3S+2H_2O$

(ウ)　$\underline{H_2SO_4}+2NaCl \longrightarrow Na_2SO_4+2HCl$

(エ)　$2\underline{HCl}+Zn \longrightarrow ZnCl_2+H_2$　　(05　センター本試　改)

知識

問11　電池　電池に関する次の文章中の(　　　)にあてはまる語を，下の語群から選べ。

図のように，導線でつないだ2種類の金属(A，B)を電解質の水溶液に浸して電池を作製する。このとき，一般にイオン化傾向の大きな金属は(　ア　)され，(　イ　)となって溶け出すので，電池の(　ウ　)となる。

語群

陰イオン　陽イオン　還元　酸化　正極　負極

(16　センター本試　改)

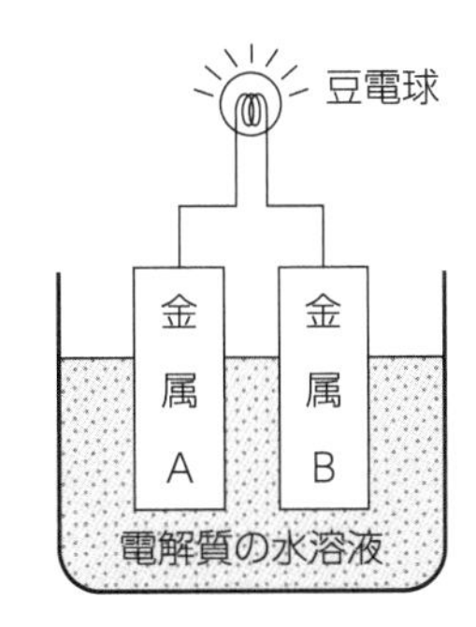

(ア)
(イ)
(ウ)

学習日：　　月　　日／学習時間：　　分

大学入試の問題に取り組もう

思考

問1　化学反応の量的関係　アルミニウム Al と銅 Cu を含む混合物 A がある。A に含まれるアルミニウムと銅の物質量の比を求めるために，次の実験を同温・同圧のもとで行った。

実験操作①　A に希塩酸を加えて，アルミニウムのみをすべて溶かし，発生した水素 H_2 の体積を測定した。

$$2Al + 6HCl \longrightarrow 2AlCl_3 + 3H_2$$

実験操作②　①で反応せずに残った銅に濃硝酸を加えてすべて溶かし，発生した二酸化窒素 NO_2 の体積を測定した。ただし，発生した気体はすべて NO_2 であるとする。

$$Cu + 4HNO_3 \longrightarrow Cu(NO_3)_2 + 2NO_2 + 2H_2O$$

右のグラフは，実験に用いた A の質量と，発生した気体の体積の関係を表したものである。次の各問いに答えよ。

(1)　A の質量が 0.70 g のとき，発生した水素と二酸化窒素の体積の比(H_2：NO_2)を求めよ。

(2)　(1)のときの，水素と二酸化窒素の物質量の比を求めよ。

(3)　A に含まれるアルミニウムを x〔mol〕，銅を y〔mol〕としたとき，発生する水素，二酸化窒素はそれぞれ何 mol か。x，y を用いて表せ。

(4)　(2)，(3)から，A に含まれるアルミニウムと銅の物質量の比(Al：Cu)を求めよ。　（15　センター本試　改）

(1)
(2)
(3) H_2
　　NO_2
(4)

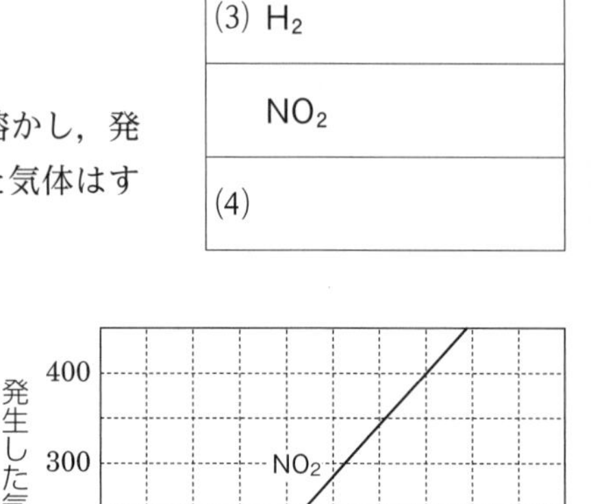

思考

問2　中和滴定　酸 A の水溶液を塩基 B の水溶液に滴下すると，pH は表のように変化した。塩基 B の水溶液を酸 A の水溶液で滴定するとき，用いる指示薬の変色域として適当なものを，次の(ア)〜(エ)から 1 つ選べ。必要があれば，下のグラフを用いてもよい。

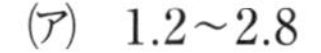
(ア)　1.2〜2.8　　(イ)　4.2〜6.2

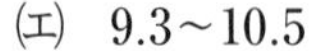
(ウ)　8.0〜9.8　　(エ)　9.3〜10.5　　（16　センター本試　改）

滴下量〔mL〕	pH
4.0	9.4
5.0	9.2
6.0	9.1
7.0	9.0
8.0	8.7
9.0	8.3
9.8	7.6
10.0	5.2
10.2	3.0
11.0	2.4
12.0	2.0
13.0	1.8
20.0	1.5

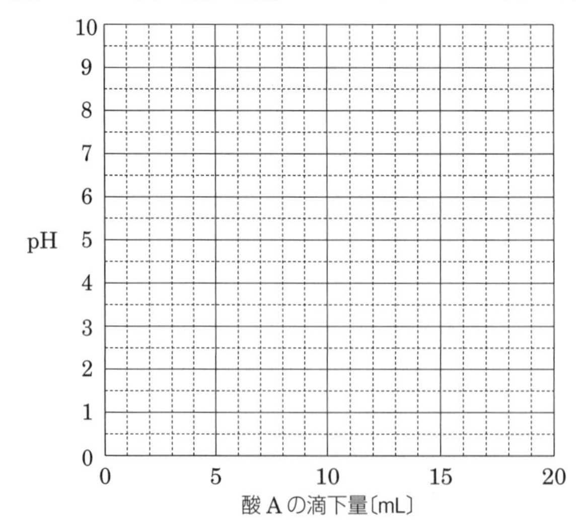

思考

問3 **酸化還元反応の量的関係**　清涼飲料水の中には，酸化防止剤としてビタミンC（アスコルビン酸）$C_6H_8O_6$ が添加されているものがある。ビタミンCは酸素 O_2 と反応することで，清涼飲料水中の成分の酸化を防ぐ。このときビタミンCおよび酸素の反応は，次のように表される。

$$C_6H_8O_6 \longrightarrow C_6H_6O_6 + 2H^+ + 2e^-$$

$$O_2 + 4H^+ + 4e^- \longrightarrow 2H_2O$$

ビタミンCと酸素が過不足なく反応したときの，反応したビタミンCの物質量と，反応した酸素の物質量の関係を表す直線として最も適当なものを，次の(ア)～(オ)のうちから一つ選べ。

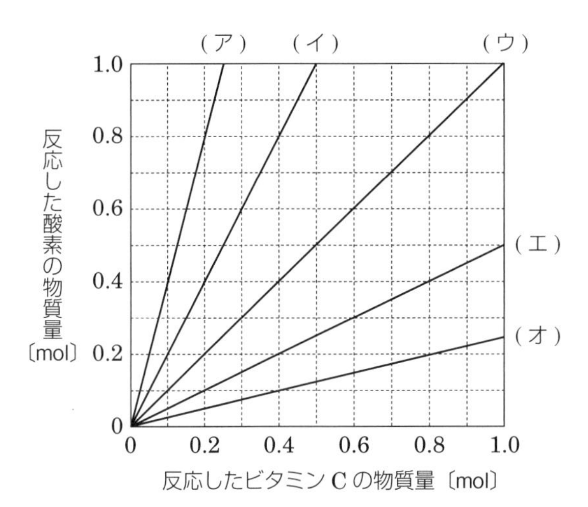

(18　試行テスト　改)

思考

問4 **金属のイオン化傾向**　図のように，シャーレに食塩水で湿らせたろ紙を敷き，金属板A～Cを並べた。次に，検流計(電流計)の一方の端子ともう一方の端子をそれぞれ異なる金属板に接触させ，検流計を流れた電流の向きを記録すると，表のようになった。

金属板A～Cにあてはまる金属を次の(ア)～(ウ)から選び，記号で答えよ。

(ア)　銅　(イ)　マグネシウム　(ウ)　亜鉛

金属板の組み合わせ	電流計を流れた電流の向き
AとB	BからA
BとC	BからC
CとA	AからC

(17　センター本試　改)

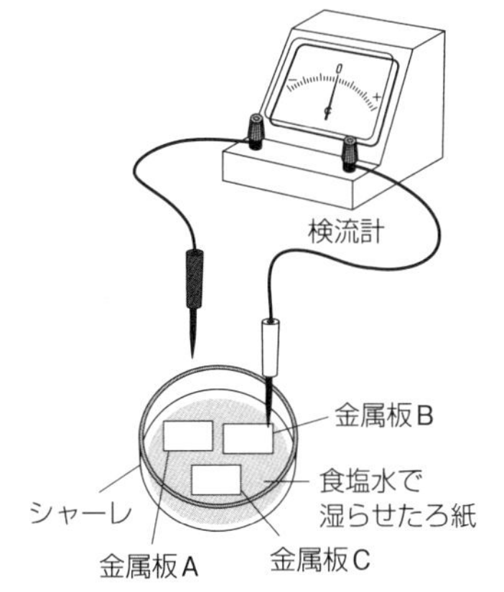

A
B
C

特集 日常生活と化学

学習日：　　月　　日／学習時間：　　分

思考

身近な物質

特徴・利用例の記述にあてはまる物質名を下の語群から選べ。また，分類を(ア)〜(オ)から１つずつ選び，記号で答えよ。

特徴・利用例	物質名	分類
(1) 海水に約 2.7% 含まれる。岩塩として産出する。食塩として用いられるほか，医療分野や工業原料として広く利用されている。		
(2) 天然の物質中で最もかたい。切削工具や研磨剤として用いられる。無色透明の結晶できれいなものは宝石として用いられる。		
(3) 天然ガスの主成分で，無色無臭の気体である。燃料として都市ガスなどに用いられている。		
(4) 軽くて比較的柔らかい金属である。1円硬貨，鍋，住宅用のサッシ，飲料の缶などに用いられている。		
(5) 石灰岩や貝殻，卵の殻などの主成分として天然に多く存在する。セメントの原料やチョークに用いられる。		
(6) 多数のエチレン分子を重合させて合成する。容器やポリ袋の材料として用いられている。		
(7) 世界で最も生産量の多い金属である。建造物や鉄道のレール，日用品に広く用いられている。		
(8) 水溶液は漂白・殺菌作用を示し，家庭用漂白剤の原料である。		
(9) プラスチックとして飲料容器や，繊維としてワイシャツなどに用いられている。PET(ペット)と略してよばれることが多い。		
(10) 天然には石英や水晶，ケイ砂として産出する。光ファイバーや乾燥剤の原料，時計の部品に用いられている。		
(11) アルミニウムに銅やマンガン，マグネシウムを混ぜ合わせた合金である。軽くて強く，飛行機の機体や自動車の部品などに使われている。		

語群

・アルミニウム　・塩化ナトリウム　・塩素　・黒鉛　・ステンレス鋼
・ジュラルミン　・ダイヤモンド　・炭酸カルシウム　・鉄　・二酸化ケイ素
・ポリエチレン　・ポリエチレンテレフタラート　・メタン

分類

(ア) イオンからなる物質　(イ) 分子からなる物質　(ウ) 共有結合の結晶
(エ) 金属　(オ) 高分子化合物

思考

身近な現象

身のまわりの事柄に関連する最も適当な化学用語を語群から選べ。ただし，同じ語句を何度選んでもよい。

(1) だしを取るために，かつお節を煮た。 ＿＿＿＿＿＿

(2) キッチンペーパーを用いてだし汁からかつお節を取り除いた。 ＿＿＿＿＿＿

(3) 寒い日に，屋根につららができた。 ＿＿＿＿＿＿

(4) 蒸し暑い日に，アイスコーヒーを入れたコップの周囲に水滴がついた。 ＿＿＿＿＿＿

(5) 衣装ケースにナフタレンを主成分とする防虫剤を入れておいたら，小さくなっていた。 ＿＿＿＿＿＿

(6) 洗濯物が乾いた。 ＿＿＿＿＿＿

(7) コップに入れた水に砂糖を加えて放置したら，とけた。 ＿＿＿＿＿＿

(8) 氷をコップに入れて放置したら，とけて水になった。 ＿＿＿＿＿＿

(9) ガス漏れを検知するガス検知器は，都市ガス用の場合は部屋の上部に，プロパンガス用の場合は部屋の下部に設置されている。 ＿＿＿＿＿＿

(10) 赤や青，黄などさまざまな色の花火があがった。 ＿＿＿＿＿＿

(11) 炭酸水素ナトリウムなどを含む胃薬を飲んだら，胃痛がやわらいだ。 ＿＿＿＿＿＿

(12) ペットボトル入りのお茶にはビタミンCが含まれており，食品の保存に用いられる。 ＿＿＿＿＿＿

(13) 塩素系漂白剤には次亜塩素酸ナトリウム NaClO などが含まれている。 ＿＿＿＿＿＿

(14) アルミニウム箔はアルミニウムを薄く広げてつくられている。 ＿＿＿＿＿＿

(15) カイロの包装を空けると，カイロに含まれる鉄粉と空気中の酸素が反応して熱が発生し，温かくなる。 ＿＿＿＿＿＿

(16) レモンや梅ぼしは，すっぱい味がする。 ＿＿＿＿＿＿

(17) 鉄くぎがさびて，ぼろぼろになった。 ＿＿＿＿＿＿

(18) 炭酸水素ナトリウムとクエン酸などを含む発泡入浴剤がお湯に溶けると，二酸化炭素の泡が生じた。 ＿＿＿＿＿＿

語群

・蒸留	・ろ過	・抽出	・吸着	・融解	・凝固
・沸騰	・蒸発	・凝縮	・昇華	・炎色反応	・気体の密度
・溶解	・酸性	・塩基性	・中和反応	・酸化還元反応	・酸化剤
・還元剤	・展性	・延性			

計算問題の解答

65 (1) 10^5 (2) 6×10^6 (3) 10^{-1} (4) 10^3 (5) 10^7
(6) 10^{-3} (7) 2×10^3 (8) 6×10^6

66 (1) 1.0×10^5 (2) 5.00×10^{-2} (3) 1.23×10^7
(4) 8.77×10^5 (5) 9.6×10^4 (6) 6.7×10^{-2}
(7) 6.67×10^{-3} (8) 5.7×10^{-2}

67 (1) 5.80 (2) 0.4 (3) 10.9 (4) 6.2
(5) 11 (6) 4.2 (7) 15 (8) 0.33

68 (1) 33g (2) 3.0cm^3 (3) 1.50g/cm^3 (4) 80g

69 (ア) h (イ) g (ウ) g/L

70 (1) 300mL (2) 0.224L (3) 0.877g (4) 500mL
(5) 3.0L (6) 500mL (7) 1.70kg (8) 500g

71 (ア) 27 (イ) 66

72 (1) 2.25倍 (2) $\frac{1}{3}$ (3) 63.6, (ウ)

74 12.0

76 (1) 28 (2) 4.0 (3) 17 (4) 16 (5) 36.5
(6) 63 (7) 98 (8) 180

77 (1) 35.5 (2) 17 (3) 23 (4) 40 (5) 18 (6) 60

78 (1) 64 (2) 12 (3) 40 (4) 101 (5) 74
(6) 132 (7) 250 (8) 286

79 (1) 75% (2) 50%

80 48

82 (ア) 1.2×10^{24} (イ) 3 (ウ) 1.8×10^{24} (エ) 36
(オ) 3 (カ) 3 (キ) 44.8 (ク) 3 (ケ) 3

84 (1) 1.5mol (2) 0.25mol (3) 5.0mol

85 (1) 1.8×10^{24}個 (2) 3.0×10^{23}個 (3) 1.2×10^{23}個

86 (1) 0.20mol (2) 0.10mol (3) 2.00mol

87 (1) 96g (2) 34g (3) 19g

88 (1) 0.300mol (2) 0.250mol (3) 0.500mol

89 (1) 8.96L (2) 44.8L (3) 33.6L

90 (1) 1.5×10^{23}個 (2) 1.2×10^{24}個 (3) 12g

91 (1) 45L (2) 11L (3) 11g

92 (1) 1.5×10^{23}個 (2) 3.0×10^{23}個 (3) 11L

93 (1) 0.80mol (2) 9.0×10^{23}個 (3) 1.2×10^{23}個

94 (ウ)

95 44

96 12

99 (1) 20% (2) 10% (3) 40g

100 (1) 0.25mol/L (2) 6.0mol/L (3) 0.400mol/L

101 (1) 0.25mol (2) 49g (3) 6.0g

102 (1) 1.40×10^3g (2) 686g (3) 7.0mol/L

113 (1) 0.50mol (2) 1.2mol (3) 0.60mol (4) 0.80mol

116 (1) 5.60L (2) 33.6L (3) 2.80L

117 (1) 5.4g (2) 6.72L (3) 34L (4) 2.7g

118 30mL

119 (2) 50mL (3) 水素 2.2L，硫酸亜鉛 16g

120 (1) 1.00×10^{-2}mol (2) 1.00×10^{-2}mol，1.00g
(3) 80.0%

123 (1) HClが1.0mol残る (2) Znが0.5mol残る

125 (1) Alが0.10mol残る (2) 3.4L

126 (1) 2.2L (2) 4.8g

133 (1) 0.10mol/L (2) 1.0×10^{-3}mol/L
(3) 2.0×10^{-2}mol/L

134 (1) 0.10mol/L (2) 1.0×10^{-4}mol/L
(3) 2.0×10^{-2}mol/L

136 (1) 5 (2) 11 (3) 1.0×10^{-9}mol/L
(4) 1.0×10^{-1}mol/L (5) 1.0×10^{-13}mol/L

137 (1) 1 (2) 3 (3) 1 (4) 13 (5) 10 (6) 13

138 (1) 1.0×10^{-2}mol/L (2) 1.0×10^{-4}mol/L
(3) 3 (4) 12

145 (1) 37g (2) 49g (3) 33g (4) 40g (5) 37g (6) 26g

146 (1) 1mol (2) 0.5mol (3) 2mol
(4) $mn=m'n'$ (5) 16g

147 (1) 20mL (2) 40mL (3) 100mL

148 (1) 0.20mol/L (2) 0.60mol/L

150 (1) 0.125mol/L

167 (1) 1.0mol (2) 1.2mol

168 0.015mol/L

2章 実力チェック Step1

問2 0.025mol

問3 (1) 45g (2) (ウ)

問4 23g

問6 2

問8 (ウ) 0.25

2章 実力チェック Step2

問1 (1) 3：8 (2) 3：8 (3) H_2：$\frac{3}{2}x$〔mol〕 NO_2：$2y$〔mol〕
(4) 1：2

問3 (エ)

新課程版 ネオパルノート化学基礎

2022年１月10日　初版　第１刷発行
2024年１月10日　初版　第３刷発行

編　者　第一学習社編集部

発行者　松本　洋介

発行所　株式会社 第一学習社

広島：広島市西区横川新町７番14号　〒733-8521　☎ 082-234-6800
東京：東京都文京区本駒込5丁目16番7号　〒113-0021　☎ 03-5834-2530
大阪：吹田市広芝町8番24号　〒564-0052　☎ 06-6380-1391

札　幌 ☎ 011-811-1848　仙台 ☎ 022-271-5313　新　潟 ☎ 025-290-6077
つくば ☎ 029-853-1080　横浜 ☎ 045-953-6191　名古屋 ☎ 052-769-1339
神　戸 ☎ 078-937-0255　広島 ☎ 082-222-8565　福　岡 ☎ 092-771-1651

訂正情報配信サイト 47204-03
利用に際しては，一般に，通信料が発生します。

https://dg-w.jp/f/71739

47204-03

■落丁，乱丁本はおとりかえいたします。
ホームページ
https://www.daiichi-g.co.jp/

ISBN978-4-8040-4720-1

重要語句のまとめ

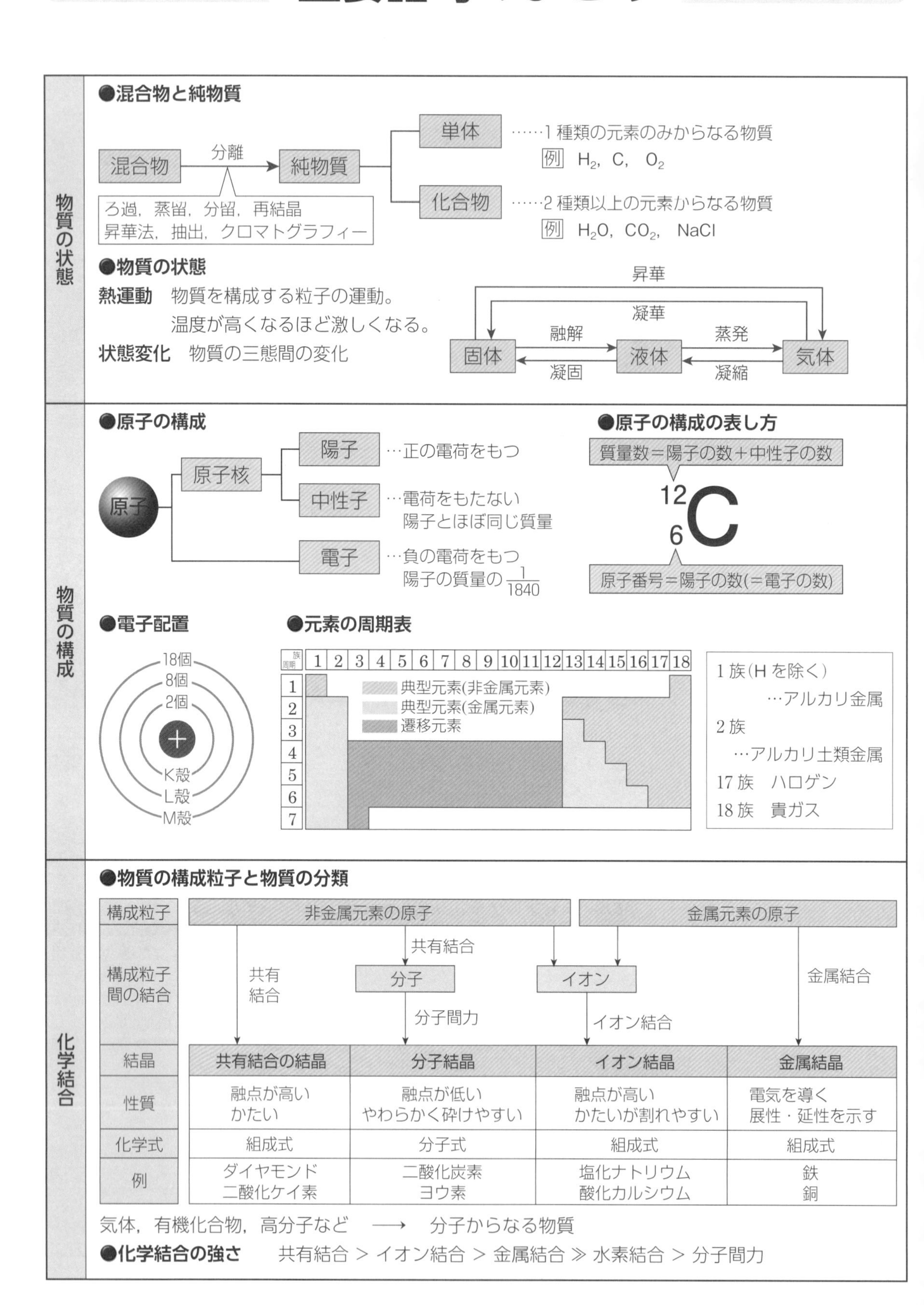

物質の状態

●混合物と純物質

●物質の状態

熱運動　物質を構成する粒子の運動。
温度が高くなるほど激しくなる。

状態変化　物質の三態間の変化

物質の構成

●原子の構成

●原子の構成の表し方

●電子配置

●元素の周期表

1族(Hを除く)
…アルカリ金属
2族
…アルカリ土類金属
17族　ハロゲン
18族　貴ガス

化学結合

●物質の構成粒子と物質の分類

構成粒子	非金属元素の原子		金属元素の原子	
結晶	共有結合の結晶	分子結晶	イオン結晶	金属結晶
性質	融点が高い かたい	融点が低い やわらかく砕けやすい	融点が高い かたいが割れやすい	電気を導く 展性・延性を示す
化学式	組成式	分子式	組成式	組成式
例	ダイヤモンド 二酸化ケイ素	二酸化炭素 ヨウ素	塩化ナトリウム 酸化カルシウム	鉄 銅

気体，有機化合物，高分子など　⟶　分子からなる物質

●化学結合の強さ　共有結合 > イオン結合 > 金属結合 ≫ 水素結合 > 分子間力